おまけの人生

本川達雄
Motokawa Tatsuo

文芸社文庫

まえがき

戦後すぐの平均寿命は、女性が五十四、男性が五十歳だった。それが今や八十。日本人は長生きになった。昔はなかった時間が、こんなにも増えたのである。目出度い。ただし生物学者としては、手放しで喜ぶわけにもいかない。五十歳といえば、老眼になる、髪は薄くなる、女性なら閉経がくると、老いを感じる年齢。老いとは、生物学的に言えば、生殖活動ができなくなることである（それなら俺は老いてないと、生涯現役を誇る男性諸氏が多いだろうが、産んでくれる相手に選ばれなければ老いたも同然なのだ）。

生物とは子供を産んでなんぼのものであり、生殖活動ができなくなれば、生きている意味はない。もちろんそれは生物としての話しであり、人間はまた別の価値も意味ももっているのは確かなのだが、思えば戦後の七十年で、生物としては無意味な時間が、なんと三十年もできてしまったということである。この部分は、昔はなかったもの。生物としての意味づけも無いのだから、まあ、「おまけ」と言ってもいいだろう。

団塊の世代が定年を迎え、人生の本体部分から、年金生活という、まさに「おまけ」の部分へと大挙して移行するのが、本年をはさんだ三年間である。この大量の新参おまけ世代は、これから平均して十五年も、がたがたになっていく体を抱えながら、いつぼけるか、いつお迎えが来るかとおびえながら、生物としては無意味な時間を生きていかなければならない。この期間をいかに人間として有意義に過ごせるかが、超高齢社会の大きな課題である。

私は生物学者だから、しごく短絡して考えてしまい、生物としての存在は生殖活動にあるとすれば、おまけの期間も、生殖活動をすればよいのだと思っている。とはいえ、なまなましい生殖活動ができなくなったのがこの期間。そこで「広い意味での生殖活動」をする、すなわち、次の世代を育てる。具体的には孫を育て、地域の子供たちの面倒を見、学校の支援にボランティアとして参加する等々。本書の前半には、教育や子供に関するエッセイが多いのはそういう意味合いがある。

本書の後半は宗教と関連づけた時間論。おまけの期間は体には頼れないのだから、心が頼り。同じ世界を見ていても、同じ世界で暮らしていても、心の持ち方・世界の見方により、人生、薔薇色にも灰色にもなる。おまけの期間を薔薇色に有意義に過ごすには、生物学に基づく時間の見方がぜひ必要なのだと私は信じており、この自説を、同様のことをはるか昔に喝破された道元禅師の名言と関連づけながら述べたのが後半に掲げた講演録である。この超高齢社会は人類未経験のものであり、日本が先頭を切ってこの難問に直面している。皆が智恵を出し合って取り組まねばならぬ難問なのだから、微力ながら私も、生物学を学んだことをもとに、一つの提案をさせていただいた。超高齢社会を生き切る智恵として、参考になればと願っている。

生きものに学ぶ

道元の時間

おまけの人生

海鼠《なまこ》の如く

美人量保存の法則

わが家にはテレビがない。でも、テレビが嫌いというわけではなく、たまにホテルに泊まったりすると、あまりの面白さに、引き込まれるように見てしまう。面白すぎるからいけないのである。女房も同じ意見のようで「テレビってお祭りみたい」と言う。お祭りも年に一、二度だからいいのであって、毎日では気が狂う。

私がテレビを置かない理由はまだある。テレビがしゃべってくれると、なんとなく自分もしゃべった気になり、家庭内の会話が少なくなる恐れがあるからである。

人間が一日に聞いたりしゃべったりする言葉の総量には、限度があるのではないか。大学で講義した日には、帰って無口になるし、学会などで丸一日講演を聞いていたら人の声にはうんざりする。そしてテレビからあれほど大量の言葉が流れ出てくれば、もうそれ以上聞く気も自分でしゃべる気も起こらなくなってくる。「家族でする会話の量＋テレビのしゃべる量＝一定」という家庭内「会話量保存の法則」が成り立つのではないか。

物理や化学には様々な保存則がある。たとえばエネルギー保存の法則。いろいろと状況は変わっても、全体のエネルギーの総量は変わらずに一定に保たれるという法則である。質量保存の法則、運動量保存の法則など、まだまだ保存則があるのだが、家庭内でのできごとにも、やはりいろいろと保存則が考えられると思う。

野球中継を見れば、たとえ寝ころんでいても運動した気になる。これが「運動量保存の法則」。

ニュースキャスターが世の中のことを、あれこれ考え意見を言ってくれれば、自分の頭で考える量は減る。これは「思考量保存の法則」。自然番組を見すぎれば、自分の目でじかに自然を観察する量が減る。これは「観察量保存の法則」で、若者の理科離れの大きな原因になっていると私は思う。

若い頃、ほとんど人の顔を見ることなく、朝から晩まで顕微鏡をのぞいていた時期があった。そんな暮らしを続けていると、ある日突然、人の顔が無性に見たくなる。これは禁断症状と呼べるほど激しいもので、人の顔なら何でも良い。人混みの中にいき、ただむさぼるように道行く人を眺めていた。こうやって眺めた顔は、そこそこの顔でも美しく見えてしまうものであった。

逆もあるだろう。すごい美人を見た日には、もう誰も美しいとは思えない。一日に美人だと感じられる量は一定ではないか。「美人量保存の法則」である。

テレビで美男美女を見たら、もうそれで一日の美人量は一杯になってしまう。脇にいるパートナーなど、どうしたって美人に見えようはずがない。「だからテレビがなくてわが家は幸せ」とは、決して口に出せはしないが、これは家庭安泰の秘訣だと、ひそかに私は思っている。

一人にひとつの子守歌

長女が産まれたのはもう二十年前、沖縄瀬底《せそこ》島暮らしの頃。里で産みますといって女房は仙台に帰っていった。あの当時飛行機代はじつに高かったから、産まれたと連絡があってもおいそれと顔を見に行くわけにもいかない。そこで子守歌をつくって電話口で歌うことにした。

父親の歌った子守歌がずっと心に残ったという小説がある（福永武彦『忘却の河』）。初めが肝腎。心をこめて一曲つくったんだよと形にしておけば、あとあとまで安心というものだろう。それに子供に対してだって、よくいらっしゃいましたと、ちゃんと挨拶しておくべきだと思う。

名前は沖縄の海にちなんで南海子《なみこ》とした。これは岩崎卓爾にちなんだものでもある。彼は（小生と同じ）仙台出身の気象官。北海道、富士山と気候に特徴のある場所を渡り歩いた後、台風を観測したいと望んで石垣島の測候所に赴任し、そこで終生頑張った。その彼の娘が南海子さんだった。

岩崎卓爾の生涯は『風の御主前《うしゅまい》』として大城立裕が小説化している。女房も読んで、これはいい本だと、友人にもすすめていたようだ。

卓爾はじつに潔くていい。立派な人生で、私としてはたいへんにあこがれるのだが、それにつきあわされた奥さんも幸せだったかは大いに疑問の残るところだろう。そのへんのことがあるので、「女なら南海子にしようか?」とおそるおそる切り出したとき、即座に賛成してくれた女房には（のろけ話で申し訳ないが）じつに感謝している。

ひつじの子守歌

やまのむこうの　そのまたむこう
かぜはひいやり　くさゆらす
まきばのまんなか　しいのきいっぽん
しいのねかたに　よりそって

マシュマロみたいな　ひつじがいっぴき
マシュマロみたいな　ひつじがにひき
マシュマロみたいな　ひつじがさんびき
ひつじがよんひき　ひつじがごひき
ろっぴき　ななひき　はっぴき　きゅうひき
とおで　とうとう　おもくなる
なみちゃん　おめめが　おもくなる
ねんねん　ねんねん　ねんねんよ

次女は東洋子《とよこ》と名付けた。海に関係する名前なのは、やはり仕事柄。それに加えて、東洋人である私が、西洋生まれの科学をどんな形でやっていったらいいのかと考え続

ひつじの子守歌

本川達雄

けてきたことに、何となく結論がでた気がしてきたのがこの頃だったからである。東洋人でいこう！　と、自分もこの子も、アイデンティティーを定めることにした。

そうは言っても、科学の世界のみならず、すべてが西洋由来のものが席巻している今日。それとも上手につき合っていかねばならない。

産まれたのが十二月二十三日。日が日だから西洋っぽく「サンタの子守歌」をつくり、電話口で歌って聞かせた。

サンタの子守歌

とよちゃん　とよちゃん
おめめをとじたなら
きっとくるよ　サンタクロース
そりにのって
トナカイの　すずが
ほらね　きこえるでしょう

とよちゃん　とよちゃん
いいこにねむったら
あさのひかり　さすときに
まくらもとを　みてごらん
ゆめが　きっと　かなうでしょう

一番下は男の子。「風と光の子守唄」をつくった。『宝島』を書いたスティーブンソンは人生の後半をサモアで暮らし、そこで死んだ。島での白人のふるまいに怒りを感じて行動をおこす正義漢だった。彼を主人公にした小説が『光と風と夢』。それを書いた中島敦もパラオに住んでいたことがある。

南の島では、やはり光と風が印象的。沖縄の日ざしは強い。子供が外で遊ぶのは夕方。白い悪魔がいるから、午後は外で遊んではいけないのである。瀬底島の昼下がりはじつに静か。サンゴの砂の反射する真っ白い光がすべてを占領し、時は貼り付いてとまったかのような光景である。大人も子供も動物たちも休んでいる。かつてはシェ

サンタの子守歌

本川達雄

スタをとられる老教授がおられた。

そのかわり夜は長い。子供会の集まりが夜八時からはじまる。夜の十一時をすぎても制服の高校生が那覇の街を歩いている。時間帯が本土とは違うのである。

沖縄の台風は、じつに元気がいい。風とはこのように吹くものか、あっぱれ！　と言いたくなる。こんなものすごい風。日本本土だと、台風襲来となれば、対策にばたばたはしりまわるものだが、台風時にわいわい言っているのは米兵と日本本土から来たばかりの人だけ。うちなんちゅ（沖縄の人）はいたって静か。静かに通り過ぎるのを待つだけである。台風は日常茶飯事。風で飛んだり壊れたりするようなものは、もともと無いように作ってある。じたばたせず、じっと待っていれば、暴風は過ぎ去って行ってくれるのである。

じっと過ぎ去るのを待つ。鉄の暴風と言われた戦争においても、アメリカ軍の占領時代も、その知恵が役に立ったのではないかなどと考えてしまうのだが。

風と光の子守唄

目の中が白くなるほど　強い日ざしだ
草も木も　人も犬も　家も街も
風さえも　首を垂れて動かない
こんな午後は
家の中で　静かに寝ようよ
ね、みんな
日が落ちて　風が吹いて
すずしくなったら
また　あそぼう

横からの
雨がガラスにぶつかってくる
キビの葉も　バケツのふた　網戸さえも

すてきなはやさで　ふっとんでいく
こんな夜は
家の中で　だまって寝ようよ
ね、みんな
台風が　通りすぎて
あしたになったら
また　あそぼう

風と光の子守唄

本川達雄

漱石とナマコ

初めてナマコを食べた人は……

小生、ナマコと付き合いはじめて三十年近くたってしまった。「ナマコを研究してます」と言うと、「初めてナマコを食べた人は、すごく勇気のある人ですよね」とコメントされる。なんと言ってもナマコは我が友。そんなにグロテスクに見えるのかなあと、言われるたびに落ち込んでいた。

ところが、決まって判で押したように「初めてナマコを食べた人は……」と言われ続けると、これはどこかに出典があるに違いない。言っている本人の実感じゃないなと思って、以後さほど気にならなくなった。

それにしても、出典は何だろう？　これだけ皆に言われるのだから、よほど人口に膾炙《かいしゃ》したものに違いないと、ずっと気にかけていたのだが、あった。何十年かぶりかで『吾輩は猫である』を読み返していたら、書いてあるではないか。

「始めて海鼠《なまこ》を食ひ出せる人は其胆力《そのたんりょく》に於《お》て敬すべく、始めて河豚《ふぐ》を喫《きっ》せる漢《おとこ》は其勇気に於て重んずべし。」

「猫」と言えば近代日本の代表的ベストセラー。そこに、初めてナマコを食べた人はとあれば、これが常套句になっていても不思議はない。

毒もないのにフグと同列に並べられている。グロテスクさにおいてナマコは抜群だというのがこの文の趣旨であろう。大ベストセラーに書かれたばかりにマイナスイメージが定着しちゃってと、ナマコの不運を我がもののごとく感じるのだが、いかんせん敵は敬愛する漱石先生。なんとなく恨み言も小声になってしまう。

ただしこれは作中の人物の発言だから、漱石がナマコをどう思っていたかは別問題。彼にこんな俳句がある。

安々《やすやす》と海鼠の如《ごと》き子を生めり

長女筆《ふで》が産まれた時のものである。自分の子供をナマコにたとえるのだから、漱石がナマコに悪印象をもっていたはずはない。

それにしても「ナマコのように可愛らしい赤ちゃんですね」と他人に言われて喜ぶ親がいるだろうか？　ナマコにたとえるなんて、子供に対して愛情が薄いんじゃないの、と漱石先生の人格が疑われそうで気になってしまう。

なぜよりにもよってナマコなのか？　たまたまということはないだろう。ナマコは冬の季語である。筆ちゃん誕生は明治三十二年五月三十一日だから、俳句をつくる都合でナマコをもち出したわけではない。ここは季節を違えてでもナマコにしたかったと考えるのが筋だと思う。ではなぜ漱石はそんなにナマコにこだわったのだろうか？

これは正岡子規との関係を考えると理解できそうである。子規と漱石は同級生で大の親友。子規は漱石の俳句の先生でもあり、この時期、漱石は作った俳句を、まず子規に読んでもらっていた。

明治二十七年の正月に子規は自分の一生を振り返った文章「新年二十九度」を書いているのだが、それによれば、彼はナマコとして産まれ、それに目ができ手足ができて子規となったのだそうだ。曰く「天地の渾沌として未だ判れざる時腹中に物あり恍たり惚たり形海鼠の如し。海鼠手を生じ足を生じ両眼を微かに開きたる時化して子規と為る。」

一見奇抜な言い方だが、これは老荘思想に基づいたもの。老荘思想では未分化の混沌としたものが原初にあり、そこから万物が生まれ出ると考える。ナマコには目もなく手足もなく、頭も尾もはっきりしないものであり、これぞまさしく未分化の混沌。子規に「老子」と題したこんな句がある。

渾沌をかりに名づけて海鼠哉《かな》

自分はナマコだったという子規の文章を、漱石は当然読んでいたはずである。漱石の句は、あなたのような子供が産まれたよと、子規に対するお披露目の句ではなかったか。

老荘思想では混沌からこの天地が生まれ出る。ナマコはその混沌なのだから、

天地《あめつち》を我が産み顔の海鼠かな（寒山落木、明治二十七年）

という子規の句になる。これももちろん漱石は知っていたに違いない。子規と漱石の間では、ナマコはこの世を生み出す偉大なもの。産まれたばかりの赤ん坊は、目もあいておらず、手足はかよわく動きも緩慢。でもこれからすべての可能性が開けてい

くのが赤ちゃんなのだから、これを混沌たるナマコにたとえても良く、「海鼠の如き」とは、長女筆に対する漱石一流の愛情表現だととって良い。

さらに深読みすれば、筆の先も茶色く丸長いナマコ形で、そのなんと言うことのない穂先から、さまざまな小説や絵の世界が描き出されてくるのだから、これも世界を生むナマコにたとえて悪くない。

ただしこの句は「子を生めり」なのだから、主役は筆ちゃんではなく奥様の鏡子《きょうこ》さん。天地を生み出すのがナマコなのだが、そのナマコを易々と生んでしまうのが女性なのである。ここには老子の玄牝《げんぴん》のイメージがあるだろう。

なんと言っても女は偉い！　出産という生命の神秘には感嘆するしかないし、女には勝てないなあというのがこの句の意味するところだと思う。ナマコなどという、一瞬？　と思わせる言葉を使っているが、なんのことはない、これは奥さんへののろけの句なのだと私は解釈している。

それにしても、これだけ考えないと分からないやり方で愛情を表現するところが漱石先生のひねくれたところ。鏡子さんは大変だったろうなと同情したくなる。

子規とナマコ

「始めて海鼠を食ひ出せる人は……」という「猫」の文章には続きがある。「海鼠を食へるものは親鸞《しんらん》の再来にして、河豚を喫せるものは日蓮《にちれん》の分身なり。」

勇気と胆力をもった人間の代表として親鸞と日蓮が出てくるのだが、これも何だか不思議な表現。普通に考えれば、ここは勇猛果敢な武将、朝比奈三郎や加藤清正あたりの名があがってきていいところなのだが、宗派の御開祖様になっている。

これも漱石が子規からヒントを得たのではないだろうか。こんな子規の句がある。

海鼠眼なしふくとの面《つら》を憎みけり

子規はナマコとフグを対比するのが好きなのである。これはイメージのとりあわせとしては納得がいく。フグはパチッとした目をもち、顔にいかにも愛嬌がある。ナマコは顔も目もなくまったく無愛想な体型。そこでナマコはフグの愛嬌のある顔を憎んでいるのだというのがこの句。

子規には、ナマコとフグを対比した次のような句もある。

「日蓮宗四箇格言《しかかくげん》」　念佛は海鼠真言は鰒《ふぐ》にこそ

フグはつつけばプッとすぐにふくれて反応するが、ナマコはじわーっと縮む程度。いかにもとろい。そして、フグは食べれば当たってコロリと死ぬ。人間の方もフグにすぐに過激に反応するのだが、ナマコは食べようと何しようとなんともない。

一方は形がはっきりしており、反応もはっきりと早いもの、他方は不定形で反応もはっきりしないもの。ぶつぶつおばあさんが背中を丸めて念仏をとなえているのが静的なナマコのイメージなら、護摩を焚いて真言をとなえている派手で動的なイメージがフグ。そして当たればすぐ成仏。

四箇格言とは「念仏無間・禅天魔・真言亡国・律国賊」（念仏信者は無間地獄に落ちる、禅宗徒は天魔であり、真言宗は国を亡ぼし、律宗徒は国賊である）。日蓮が他宗を強烈に非難した標語である。

ここで日蓮やお念仏の親鸞が登場する。四箇格言を掲げて激しく他宗や世の権力と闘ったのが日蓮であり、また、古い宗派の迫害にあって都から追放されても屈しなかったのが親鸞だった。この子規の句の連想から、漱石は、海鼠や河豚を初めて食べた勇気と胆力のある人間を、日蓮と親鸞に喩えたのではないだろうか。

『吾輩は猫である』には、亡き子規を思い浮かべながら漱石が書いたと思われる箇所があるが、この「始めて海鼠を」のところもそうだと私は想像している。

子規は海鼠の句をたくさん詠んでいる。好きだったのだろう。彼が海鼠を褒めたきわめつけの一句。

世の中をかしこくくらす海鼠哉

ナマコの如き子の名前

漱石の奥様が鏡子さん。じつはわが女房殿も鏡子なのである。彼女、やせ細っている割にはしごく安産で、易々と海鼠の如き子を生んだものだから、子供に「ナマコ」と名付けてしまったという内輪話をする。（鏡子さんのはげのことを書いて顰蹙《ひんしゅく》を買った漱石先生の轍を踏んで、ここからは顰蹙物の文章なのであります。）

ナマコは英語で海のキュウリ sea cucumber と言う。丸くて長い形が似ている上に、ちょっといぼいぼのあるところまで、キュウリに似ているからだろう。そこでナマコに縁のあるキュウリの音をもらって「究理」と命名した。もともとは朱子学（儒教）の言葉であるが、明治初年には科学や物理学のことを究理学と呼んでいた。キュウリ夫妻などという大科学者もおられたことだし、科学者の子供らしい名前でしょ？

英語ではas cool as a cucumberという言い回しがある。落ち着きはらっているという意味。これも悪くない。理を究《きわ》めると言うといかにもお堅い感じがするが、音を聞くとすんなりなで肩でぶらーっとぶら下がったとぼけた感じ。人間、しっかりとお堅いところは絶対必要だが、柔らかな面もいるよ。理だけではだめ、情も必要だよという意味あいを込めて名付けた。

私は子供が産まれるたびに、子守歌を作ってやることにしている。今回は他にもう一つ、漱石の『草枕』冒頭の句をもじって、こんな歌も作った。

究理くん

理に働けば　角が立つ

すんなりなで肩　究理くん
情に棹《さお》さしゃ　流される
クール　クールの　究理くん

漱石先生が、書斎人として自分のパートナーである筆を子供の名前にしたのだから、こっちだって自分のパートナーであるナマコ関連で意味深い名前を付けて悪くはないだろう。ただし、ここまで蘊蓄《うんちく》を述べると、「究理」もそれなりに納得のいく名だと思うのだが、音だけ聞いたら食べるキュウリ。とぼけ過ぎで、これは「海鼠の如き子を生めり」と同様、親の愛情や人格が疑われるおそれがある。

音だけ西洋っぽくて意味不明の当て字の名前が氾濫しているが、そんなのではないぞ。東洋の伝統にもとづく立派な意味と日本の音であるのだぞよ、と押し通してしまうところが世間知らずの学者のいやらしさなのだが、まあ、そういうものとして息子が納得してくれたらと願っている。「キュウリのつけもの」なんて言われてちょっといやがっていたこともあったが、逆に、みんなが一度で名前を覚えてくれる「有名

究理くん

本川達雄

り　には　たら　けば　か　どが　たつ
じょ　うに　さ　おさ　しゃ　な　がさ　れる
す　んな　り　な　でが　た　きゅう　り　く　ん
ク　ール　ヶ　ク　ール　の

人」というメリットもあるようで、親としては内心、非常に心配していたのだが、幸いにも名前で屈折せずにどんどん育って親の背丈を抜き、息子は今や高校生である。

アリストテレスと日本むかしばなし

北海道の大学で哲学を教えているK君。学生時代、同じ寮で原書の輪読などやった仲である。

「結婚するんですよ。」

「それはおめでとう。」

「披露宴には出てくださいね。スピーチも御願いします。」

「じゃあ、お祝いに一曲歌おうか。新曲作って。」

「ぜひ御願いしますよ。」

「歌詞にはやっぱり、アリストテレスも出てきた方がいいだろうなあ、君の専門だから。ところで今、アリストテレスのどんなことやってるの?」

「電話じゃ説明しにくいな。近いうち東工大に顔出しますよ、東京に行くついでがあるから。」

ということで一ヶ月後。二時間、K君からアリストテレスの特別個人授業を受けることになった。

哲学者の話である。聞いているうちに頭がガンガンしはじめた。風邪のひきはじめだったこともあるだろうが、それにしても哲学は体に悪い。翌日、高熱を出して寝込んでしまった。

そもそも二時間で「アリストテレス早わかり」をしてもらおうという横着な根性がいけなかったようだ。ちゃんと自分で勉強しなければならないなと観念した。ちょうど冬休み。帰省に際して、アリストテレス全集から一巻を抜き出して汽車に乗った。

短くて動物学に関係あるものということで『動物進行論』と『動物運動論』をまず読んでみた。が、とても歌詞などつくれそうもない。かと言って、もっと長いものを読む気力も出てこない。

こりゃだめだとあきらめ、子供と一緒にテレビを見ていた。やっていたのはまんが日本昔ばなし。

「昔、犬の足は三本じゃった。だからうまく歩けなんだ。そこで神様が、五徳の足を一本とって、犬につけてやった。うまく歩けるようになり、犬はとても喜んだ。犬が片足をあげるのは、大切なもらった足に掛けちゃいかんと思うからなんじゃと。」

あ！　アリストテレスと同じこと言ってる！

『動物進行論』にはこんなことが書いてあったのだ。足の数は、ヒトや鳥では二本、哺乳類では四本、つまり偶数本である。足でも羽でも、運動するためのものは偶数個そなわっている。

五徳は動かないから、四本のうちの一本を犬にやって三本足（奇数）になってもさしつかえない。でも動くためには偶数でないと困る。なるほど、これで歌詞ができた。

「K君、おめでとう。アリストテレスは偶数だとうまく歩んでいけると言っています。人生もそうでしょう。昨日まで君は奇数でした。今日からは偶数です。お二人の歩みはアリストテレスに祝福されているのです。本日の記念に、オリジナル曲《アリストテレスの動物進行論》を作ってもってまいりました。歌わせていただきます」

アリストテレスの動物進行論

一本足では歩けない

三本足でも　うまく歩けない
二本　四本　六本と
動物の足は　どれも偶数

大地を蹴《け》れば　前に進む
泳ぐときには　海を押す
動くためには　体の外に
しっかり動かぬものが必要

歩くためには　長い足
空を飛ぶには　広い羽
自然は　動物おのおののために
可能な限りの　よいものをつくる

アリストテレスの動物進行論

本川達雄

コペルニクスと鉄炮伝来

アリストテレスは古代ギリシャのさまざまな思索を集大成し、「万学の祖」と言われる。彼がうちたてた「アリストテレス的自然観」は、二千年にわたりヨーロッパを支配した。

彼の自然観のもっとも基本となる部分が天動説である。世界の中心に地球があり、これは不動。太陽や星の方が動く。ただし太陽自身が動くわけではない。地球をとりまくように天球という透明な殻があり、これに月や太陽や星々が貼り付いている。月の貼り付いている天球が一番内側で、その外に太陽の天球、その外に恒星の天球と、地球を天球の殻がとりまいていて、この殻が回転する。天球が回転するから星が動くように見えるのである。

地球（地上界）とそれをとりまいている星々の世界（天上界）とでは、世界を作っている物質も違うし、またそこで働く物理法則も違う。古代ギリシャ人は、万物は地・水・火・風の四つの元素からなり、これらが結びついたり離れたりして、物が生じたり滅したりするのだと考えていたが、これは地上界での話。天上界はエーテルという全く違う元素からできており、地上が常に変化する不完全な世界であるのに対し、天上は不変不動の完全な世界とされていた。（このあたりを書くにあたっては、高校の同級生である野家啓一氏の著作を大いに参考にした。）

コペルニクスが『天球の回転について』を出版し、地動説を公にしたのは一五四三年。誰もが長年信じて疑わなかったアリストテレスの自然観を百八十度ひっくり返し、世界の見方をすっかり変えたわけだから、これは大事件であり、コペルニクスの大転回と呼ばれる。この記念すべき年号は覚えておこう。一五の四《いごよ》のなか三《み》ちがえる（以後の世のなか見違える）。

じつはこの年、日本でも大きなできごとがあった。鉄炮伝来である。『鉄炮記』によれば天文十二年（一五四三年）漂着した大船に乗っていたポルトガル人から、種子島時尭《ときたか》が二挺の火縄銃を購入した。それをたちまち地元の刀鍛冶八板《やいた》金兵衛がコピーを作ってしまうところがすごいのだが、翌年には根来《ねごろ》や国友《くにとも》に伝わり、量産体制に入っていった。以後、戦争のやり方がすっかり変わることになる。

「コペルニクス的転回」と言えばカント。年号とは関係ないが、この歌詞もおまけにつけておく。

おまけの解説を少々。カントは『純粋理性批判』で認識の問題を扱っている。私たちは、そこに山がある、鳥が鳴いている、と感じるわけだけれど、そう感じられるのは、たしかにそこに山や鳥が（私がいようといまいとに拘わらず）実在しているからだと、ふつうは考える。実在するからこそ、だれもがそこに山があると見え、客観性が保証されるとする。つまり、私たちの認識が、たんに対象に従っていると考えるわけで、いわばわれわれは外界を写す鏡である。これはとても素直な考え方であり、素朴実在論と呼ぶ。

カントは素朴ではなかった。彼はまったく逆の見方をした。対象の方が私たちの認識に従わなければならないと考えたのである。外界に存在するもの（物自体とカントは呼ぶ）を、そのままの形でわれわれが認識することはできない。感覚器官（感性）が外界から集めてきたものを材料として、それを知性（悟性）の鋳型に入れて作り上げたものが、われわれが認識している（と思っている）外界であり、こうして作り上げた外界をカントは現象と呼ぶ。人間は現象しか認識できないのである。現象は人間が（勝手に）生み出したものだから、客観性がないかというとそうではなく、現象を生み出す悟性の鋳型（枠組み）は、われわれ皆が同じものをもって生まれついているから、客観性はある。このようにカントの立場は、素朴実在論を百八十度逆転しており、「コペルニクス的転回」と呼ばれるゆえんである。

なぜここでカントの話を持ち出したかというと、時間や空間が、まさに人間の認識機構の側にそなわった枠組みだとカントが主張しているからである。『純粋理性批判』は時間論の書でもあり、時間とはどのようなものかという興味を持ち続けている小生としては、彼の議論は大いに参考になる。

カントは、時間それ自体を感じとることはできないとする。だからニュートンの絶対時間のようなものは、たとえ世の中に存在したとしても、それを知ることはできない。時間とはわれわれの内にある認識の枠組みであり、「時間は、対象そのものに付属するものではなくて、対象を直観するところの主観に属するのである。」（『純粋理性批判』A37＝B54）。

客観的とは、私（主）のみならず「客」も同じように感じるということである。ふつうは外界に時間というものが厳然として存在するから、主も客も同じ時間を感じると考えるが、カントに従って言えば、われわれ自身がもつ時間という枠組みにあてはめて、われわれは外界を構成しているのであり、この枠組みが人類ならみな同じだからこそ、同じ時間だとみんなが思うことになる。

だったらもし「客」がゾウなら、当然、認識の枠組みが異なるわけで、ゾウにはゾウの時間があることになるし、「客」がネズミなら、ネズミの時間になる。

カントなんて小難しいばっかりで生物学とは関係がないと思っていたのだが、読んでみるとなかなかどうして。恐れ入ったしだいである。（このあたりを書くにあたっては、高校の後輩である黒崎政男氏の著作を大いに参考にした。）

一五四三年

以後の世の中　見（一五四三）違える
私の立ってる　この大地

動かぬ宇宙の中心だと
信じてた　それなのに　なんとまあ！
地球はくるくる太陽の
まわりを回っているなんて
コペルニクスの大転回
世界の見方が　すっかり変わる

以後の世の中　見違える
白刃交えて渡り合う
これこそが　もののふの　戦いだと
信じてた　それなのに　なんとまあ！
こっそり隠れて　遠くから
とつぜん狙って　撃つなんて
鉄炮伝来　種子島
いくさの仕方が　すっかり変わる

カントの純粋理性批判
わたしも　あなたも　物自体
そっくりそのまま　見ていると
信じてた　それなのに　なんとまあ！
私の悟性の枠組みが
生み出してるんだ　現象を
コペルニクス的転回で
世界の見方が　すっかり変わる

1543年

本川達雄

1,2 い ご の よ の な か み ち が え る
3 カン ト の じゅ ん す い り せ い ひ はん
わ た し の た っ て る こ の だ い ち う ご か ー ぬ
は く じ ん ま じ え て わ た り あ う こ れ こ そ が
わ た し も あ な た も も の じ た い そ っ く ー り
う ちゅ う ー の ちゅ う しん だ と し ん じ て た
も の の ふ の た た かい だ
そ の ま ー ま み て い る
そ れ な の に な ん と ま あ ち きゅ う は
こ っ そ り
わ た し の
く る く る た い よ ー う の ま わ り を ま わ っ て
か く れ て と お く か ー ら と つ ぜ ん ね ら っ て
ご せ い の わ く ぐ み ー が う み だ し て る ん だ
い る な ん ー て ー コ ペ ル ニ ク ー ス の だ い て ん ー
う つ な ん ー て ー て っ ぽ う で ん ら い た ね が し ー
げ ん しょ う ー を ー コ ペ ル ニ ク ス て き て ん か い ー
かい せ か い の み か た が す っ か り か わ る
まで い く さ の し か た が
で せ か い の み か た が

ニュートン教時代

長い間ヨーロッパを支配していたアリストテレス的自然観から、近代の科学的な自然観へと変革が起こったのが十六世紀から十七世紀にかけて。これが科学革命と呼ばれる出来事である。科学革命は一五四三年コペルニクスの『天球の回転について』の出版で幕を開け、ガリレオを経て、一六八七年ニュートンの『プリンキピア』(自然哲学の数学的諸原理)の出版で終わる。

アイザック・ニュートンは科学者の中でもっとも大きな影響力を残した人間であろう。彼のうち立てた古典物理学は科学や技術の基礎となり、今もってゆるぎない地位を保っている。影響は科学技術だけではない。彼が確立した古典物理学的自然観は、現代人の自然の見方の根底をなしている。さらに日常生活のさまざまな場面においても、ニュートンは非常に大きな影響を与えているのである。

その一例が貨幣経済と経済学。お金を媒体とした経済が、現代社会のもっとも基礎をなすシステムであるが、このお金という発想には数学が関わっている。そしてそれにニュートンが多大の寄与をしているのである。また、現代のビジネスマンにとって、お金と並んでとても気になるものの一つが時間だろうが、時間の見方にもニュートンは大きく関わっている。

そもそもビジネスが成り立つのは、皆が共通の時計・共通のカレンダーを使っているからである。そうでなければ、手形の決済日がきても、「うちのカレンダーではまだです」などとなるわけで、これでは商売がなりたたない。

また、この忙しい世の中、テンポが早ければ早いほど、皆のもっている時計が同じでなければ困る。一番遅いものが足をひっぱり全体のペースを決めることになってしまうからである。みな同じ時計に従って同じテンポで仕事をすすめなければ、仕事ははかどらない。だからこそ、遅刻はいけない、納期は守らなければいけない等々、現代人の守るべきルールの筆頭格が、時間を守ることになるわけだ。このような、すべての人・すべての物に共通する時間は、ニュートンの絶対時間の概念に基礎をおいたものである。ニュートンは『プリンキピア』の中で、万物に共通で、何ものにも影響されずに等速度で一方向に流れていく時間を絶対時間とし、この時間を基礎にして彼の物理学を完成させた。

さて、現代は万事お金。その大切なお金に、じつは数学が関わっている。お金の計算に数学を使うという話ではない。お金という概念が生まれるためには、数学的な抽象化が必要だという話である。

貨幣とは、じつは難しい概念に基づくものである。現実の物は、それぞれ見た目も違うし、質がみな違う。質が違えば、それぞれの品物が、それぞれにかけがえのないものなのだから、簡単には交換がきかない。そこで品物すべてを、共通の物差しで計って量に換算し、価格という数字にするのが貨幣経済である。つまり、すべてを一つの物差しで計れる同質のものとみなしてしまい、個々の違いは数の違いに還元する。これは、きわめて高度で抽象的な考え方を必要とするシステムなのである。

世界で最初の鋳造貨幣は、小アジアにあったギリシャの植民地イオニアで作られたとされる。そして、その貨幣が鋳造されたとほぼ同時期に、同じイオニアにピタゴラスが生まれている。彼は「万物は数である」と主張した。存在の本質を数だとしたのである。彼は、宇宙までをふくめて、万物を数に還元してしまったわけで、このような過激な思想が生まれる土地柄だったからこそ、貨幣も生まれ出たのであった。

世界をすべて数字で表すやり方こそが数学・物理学の基本である。ニュートンは微分積分学という数学のもっとも基礎的かつ有用な技法を編み出した。そして絶対時間・絶対空間という古典物理学的な自然観を確立した。時間という、何ものにもよらずに一定の速度で進んで行く万物共通の流れの中で、金という数字が変化していく、その変化の仕方・要因を考えるのが経済学。絶対時間と微分という、ニュートンの概念・技法抜きでは、近代経済学は成り立たない。

このように、貨幣万能主義と数字万能主義とは同じ発想に基づくものである。そしてその発想の近代的な基礎を固めたのがニュートン。彼は造幣局長官をつとめたが、まことに象徴的なことであった。彼はお札にも登場したことがある（しばらく前の一ポンド紙幣）。

ニュートンは『プリンキピア』を一六八七年に出版し、古典物理学を確立した。これは科学史の上でも、人類史上でもきわめて重要なできごとであり、この年号ぐらいは覚えておこう。

「いろはな（一六八七）んでもちりぬるを　わかよたれそ　つねならむ」。色（色界）つまり物質的な世界では、諸行は無常であり、すべてが移ろっていく。だからそういうものに執着しないで有為《うい》から無為（涅槃《ねはん》）の世界にお入りなさいというのが、いろはうたの意味であろう。たしかに移ろっていくものを頼りにするわけにはいかない。

ところが移ろいやすいこの世にも、不変の原理があることを示したのがニュートンだった。

この原理は、地上だけに通用するというわけではなかった。地上で落ちるリンゴにも、天上の星々の動きにも、同じ万有引力の原理が働いていることをニュートンは示したのである。こうして、地上で働く力学原理と、天上で働く原理とは違うとするアリストテレス的自然観を葬り去った。万有引力（ユニバーサル・グラビティ）とは、地上・天上を問わず普遍的なものであり、時を超えて不変の真理である。ニュートンは不変にして普遍な真理をうちたてた。このようなものこそ、まさに信ずるに足るものだろう。

ニュートンはわれわれに、信ずるに足る真理を与えてくれただけではない。実益も与えてくれた。ニュートン力学を使えば建物もたつ、橋も架けられる、機械も作れる。近代工業の基礎はニュートンにあり、現代社会の繁栄は、ニュートン力学に基礎をおく技術のたまものなのである。ニュートンは大いに御利益がある。だから、ありがたみはますます増す。物理学科の学生達は「ニュートン祭」を毎年行い、彼を神のごとく祭っているが、物理学者のみならず、今や人類みながニュートン様さまと、ニュートンをあがめ「ニュートン教」を信じているといってよいのではないか。世はまさにニュートン教時代である。

ニュートンは国王よりナイトの称号を与えられて「卿」をつけて呼ばれるようになり、長く英国王立協会の会長として科学界に君臨した。

ニュートン卿*

いろは　な（一六八七）んでも　ちりぬるを
わがよ　たれぞ　つねならむ
常に変わらぬ　大原理
プリンキピアに　書きしるし
科学と技術の　基礎きずく

枝から地におつ　リンゴの実
天の星々　その動き
同じ力の　なせるわざ
天をも地をも　支配する
万有引力　ユニバーサル

＊ 英国ではSir Newtonとは呼ばないが（Sir IssacやSir Issac Newtonと呼ぶ）、和訳では広辞苑にも「チャーチル卿」という例が載っているので、ここではニュートン卿とした。もちろん掛詞である。

ニュートン卿

本川達雄

いーろ は なんでーも ちりぬ るを
えだか ら ちにおーつ リンゴ のみ
わーが よー たーれーぞ つねな らむ つねに
てーん のー ほしぼーし そのう ごき おなじ
かわらぬ だいげ んり プリン キー ビ アーに
ちからの なせる わざ てんを もーち をーも
かきし る し かがく と ぎじゅつ の きそきず
しはい す る ばんゆ う いんりょく ユニバー
く
サル

ものをつくろう

ロボットコンテスト。今やテレビでも放映され、なかなかの人気であるが、これは森政弘先生が東工大の授業の一環として始められたもの。学生達にロボットを作らせて機能を競わせる。何をやるロボットを作るかは課題として与えられ、使える材料にはきびしい制限がもうけてある。その中でいかに良い物を作るかを工夫させるのである。今もこの授業は行われており、学生にきわめて人気が高い。

これを全国の高等専門学校間のコンテストにしたのがテレビで放映されているもの。子供達の理科離れをなんとか止めて、ものづくり好きにしなければ国力が減退する。そういう危機感もあり、NHKが力をいれてくれている。

大学間のコンテストもあり、これには国内版だけではなく世界版もある。国内コンテストを勝ち抜いた学生が国際版に参加できる。

ロボットコンテスト大学国際交流大会は東工大とMIT（マサチューセッツ工科大

学）との間で始められた。第一回が東京。その後、参加国が増え（一九九九年時点では、日本、アメリカ、イギリス、ドイツ、フランス、ブラジル、韓国）、各国もちまわりで毎年開かれている。

これは大学間で競わせるのではなく、違う国の学生でチームを作り競いあう。初めて出会った学生が、短期間でいっしょにロボットを作り上げるのだから、コミュニケーションやコラボレーション能力が問われる。企業が国際化している今日、技術者として必要な能力を育てようという意図がある。

第八回はブラジルのサンパウロ。そして第九回（一九九九年）大会は前橋で行われた。課題は、養蚕のさかんだった土地柄にふさわしく、繭《まゆ》玉を拾い上げて繭壺に入れる数を競わせるもの（ただし繭玉といってもラグビーボール大）。

国際大会を開くにはお金がかかる。世話役のS教授が自分の故郷の前橋市を動かしてスポンサーになってもらった。

血税を使うのだから、市民の皆様に大いにサービスしなければならない。ロボコンだけではなく、聞いて楽しく考えさせられる市民向けのシンポジウムをやろう。

「ということで《ものづくりシンポジウム》を開くから、本川さんも話にきてよ」と

S教授の電話。正直言って、私はものづくりとは何の関係もない。ロボコンとも無縁な人間である。でもまあ、良い教育をしようとこんなにも汗を流しているSさんのこと。日頃、同じ心意気を持った同士、という感じのおつき合いだから、協力しないわけにはいかない。「行きますよ」と返事はしたものの、何を話せばよいものか。

ちょっと違った観点からものづくりの問題点を話すことにした。今の技術のありようには、最も基本的なところで、これでいいのかなと疑問に感じる点が多い。

たとえばコンピュータ。数ヶ月もすると新製品が出る。しょっちゅうOSが変わる。古いものなど、ソフトや周辺機器がたちまち対応しなくなり、どうしても買い替えるしかない。性能が良くなるのだからいいじゃないかとメーカーは言うのだろうが、ずいぶんと無駄な話だし、それに第一、慣れるのが大変。いつも同じように使えて同じ効果が得られるからこそ安心して使えるのであって、コンピュータ・メーカーは、使用者の心の安心をまったく無視している。

このボタンを押したらこの作業ができる、ということを覚えているのは、自分にとって一つの財産なのである。そういうものの積み重ねがあって人生というものが形成されていくのではないか。バージョンが変わるたびに前のキー操作が通用しなくなる。若い頃なら覚えるのが早いが、年とったらそうはいかない。バージョンアップをくり返すとは、せっかく苦労して貯めても、繰り返し銀行が破綻してそのたんびに預金がゼロになるようなもの。これでは心の安心が得られない。

昔の職人は、丈夫で長持ち、一生使える製品を作ることに誇りを持っていた。ところが今は、長持ちしてはいけないのである。欲しくはなるけれど、ちょっと使えば、さらに新しいものが欲しくなって古い物は捨てる。そういう物が良い製品なのである。性能がどんどん良くなるということだけが、次々と新しい製品が発売される理由ではない。

昔ながらに一生ものの製品を作っていたら、買い替えが起こらない、売り上げが落ちる。メーカーにとっては、消費者がとびついてくれるが、適当な時期に壊れてくれるし飽きもくる製品が良い製品なのである。

そんなものばかり作っていて、技術者は誇りを持てるのだろうか？

次々と目先の変わった製品を生み出さなければいけないのが今の技術者。だが、一人の技術者がそれを続けていくのは難しい。いきおい、若い時だけものづくりの現場にいて、あとは管理者になってしまう。コンピュータ・ソフトの制作者などまさにこうで、これは結局、技術者も消耗品だという事態であろう。

豊かな社会とは大量生産・大量消費社会。どんどん物が消費され、技術者までもが消耗品となる。こんなことで、技術者として誇りを持った人生を送れるのだろうか？技術者の心の安心が得られるのだろうか？

大量に物をということは、地球の資源をどんどん食いつぶし、廃棄物をどんどん作り出すということである。だから今のような大量消費を続けるわけにはいかないのは当然なのだが、もう一つ問題にしなければならない点がある。大量消費が私たちの心に及ぼす影響である。

『荘子』にこんな話がある。畑を作ろうと老人が苦労して井戸から水を汲んでいる。井戸の底におりていって瓶に水を入れ、抱きかかえて上にあがってくることをくり返していた。そこに通りかかった人が、いい機械（はねつるべ）があるからお使いなさいと勧める。

それに対する老人の答えがすごい。機械を使ったら、使ったがゆえの仕事が必ず生じてしまう（そういう仕事を「機事《きじ》」と老人は呼ぶ）。そして機事にかかずらっていれば、必ず心まで影響される。そうなってしまった心を老人は「機心《きしん》」と呼ぶのである

（機械を有《ゆう》する者は、必ず機事あり。機事有る者は、必ず機心有り。『荘子』天地篇十二）。

たしかにコンピュータができて便利になったけれど、仕事が減ったわけではない。こっちが真夜中でも海の向こうではマーケットが開いている。インターネット取引ができるようになったおかげで、夜中も働かなければいけない場合も生じてくるし、向こうの相場はどうなっているのだろうと、夜もおちおち眠れない事態にもなる。便利になって余裕ができ、心がゆったりするというわけではなさそうで、ますます忙しくなり、心の落ち着きさえ失われがちだ。

機械を使えば確かに機事がふえる。われわれは機事にふりまわされ、すっかり機心になってしまっているなあと、われながら思い当たることが多い。それにしても、つるべ井戸の仕掛けという、今から見れば機械ともいえないようなものを見て、はやくもこういう危険性を指摘しているのだから、昔の人は偉かったと、ただただ感じ入ってしまう。

われわれを機心に導きやすい面を、機械は確かにもっている。身の回りの機械で、これがなければ生きてはいけないという機械は、それほど多くはない。でもあれば便利、欲しくなるというものがほとんどではないか。機械とは、より早く、より多くという、人の欲望を満たして、さらに欲望をかきたてるという面を強くもっている。大量消費社会は欲望に火のついた人間が推し進めている社会だと言えるだろうが、それを可能にしさらに煽り立てているのが、機械なのである。

貪欲は仏教では三毒に数えられている。その貪欲を煽り立てるのが技術者だとすれば、技術者とは賤業の一種であろう。誇りの持てるものではない。機械がつくりだした機心が大量消費社会の原動力。だったら技術者のあり方、現在のものづくりのあり方が、やはり問われなければならない。

機心をもった人間の症状として、ものを大切にしないという点があげられるだろう。機械で作れば楽にたくさん安価に作れてしまう。使い手の方も粗末にするし、作り手も機械任せでできてしまうので、製品一個一個に心がこもらない。一つ一つ、汗を流して作れば、やはり心がこもる。心をこめて作ったものなら、大切に末永く使って欲しくなるだろう。使ってもらう人のことを心に浮かべながら、どうぞこの製品を可愛がってくれと、気合いをこめ、思いをこめて送り出すだろう。機心とは、作る側も使う側も、今ひとつ気合い不足で、うわの空。うわの空でも機械がやってくれるのである。だからそれを作っている人間の時間も、それを使っている人間の時間も、時間はうわっすべりに流れていくのではないか。

ここが機心のもっとも恐ろしいところだと私は思っている。たくさんのことを忙しく行っていながら、現実には何一つ身を入れて行うことのない日々を、私たちは送っているような気がする。自分が身を入れてやらなければ、意味のある時間は生まれないのではないか。機械がやってくれる時間が、私にどれほどの意味があるのかと問う必要があるのではないのか。

かけがえのないものを作り、かけがえのないものを使うということは、かけがえのない時間を生きることにつながる。この一刻一刻のかけがえのなさを忘れさせ、ただうわっすべりに時間を流しがちになるのが機心。

豊かなことはダメなのだと、清貧の思想をただ説いただけでは、だれも相手にしてくれないだろう。物の数が多いという豊かさが、心の豊かさ、生きている時間の豊かさに直結するかどうかと問うべきものだろう。

良い製品とは、それを使う人に、意味のある時間を生み出す製品ではないだろうか。よいものづくりとは、使い手にも、そして作り手にも、意味のある時間を作り出すものでなければいけない――シンポジウムではそんな話をした。

わざわざ休日をつぶして「ものづくりシンポジウム」などという真面目な会に来てもらうのだから、大いにサービスしなければ。というわけで、この日のために新曲を作ってもっていった。

ものをつくろう

ものをつくろう　かけがえのないもの
この世に　たった一つのものを
心をこめて　てまひまかけて
ものをつくろう　この手でつくろう

そして　それを　あなたにあげる
あなたは一人
この世に一人の　大切な人なのだから

ものをつくろう　かけがえのないもの
ものをつくろう　この手でつくろう

今をつくろう　かけがえのない時
この世で　たった一回きりの
心をこめて　気合いをいれて
つくっていこう　自分の時間を

そして　そこに　あなたがいるよ
あなたとの出会い
一期一会の　大切な　大切な時間

時間をつくろう　かけがえのない時
私をつくろう　歴史をつくろう

ものをつくろう

本川達雄

ものをつくろう かけがえのないも
いまをつくろう かけがえのないと
の このよにたったひとつの ものを
き このよでたったいっかい きりの
こころを こめて てまひま かけて
こころを こめて きあいを いれて
ものを つくろう このてでつくろう そし
つくって いこう じぶんのじかんを そし
て それを あなたにあげる あなたは ひと
て そこに あなたがいるよ あなたと のであ
り このよにひとりの たいせつな ひとなのだ かー
い いーちごいちえの たいせつな たいせつな じか
ら ものを つくろう
ん じかんをつくろう
かけがえのないもの ものを つくろう このてでつくろ
かけがえのないとき わたしをつくろう れきしをつくろ
う
う

生きものに学ぶ

生物学を学ぶ意義

Q　生物学を学ぶ意義は何でしょうか？

A　私たち自身が生物です。だから自分自身を知るためには、生物学を勉強しなければなりません。

私たちは多くの生物が住んでいる生物圏に、他の生物たちといっしょに暮らしています。

よい人間になるには、自分自身を知らねばなりませんし、自身が暮らしているまわりの世界（＝生物圏）も知らねばなりません。どちらを知るにも生物学を学ぶ必要があるのです。

それにね、今や、クローン生物、遺伝子組換え、ヒトゲノムプロジェクト……と、生物学を勉強しなければ、まともに新聞も読めない事態でしょう。そんなに新聞に登場するのは、生物学が脚光をあびているからです。二十一世紀は生物学の時代だといわれています。バイオテクノロジーによる食物の増産、遺伝子治療、脳の研究等々、最先端といわれている学問や技術に、生物学は深く関わっています。そしてそれらは、私たちの日常生活にも深く入りこんできているのです。だからこそ、生物学は現代人の必修科目なのですね。

Q　生物という科目は覚えることがたくさんあって、なんとなく憂鬱になってしまうのですが。

A　確かに覚えることは多いなあ。それはそうだよ。世界には百万種以上の生物がいるわけで、こんなのもいる、あんなのもいる、と言って名前をつけるのが生物学。覚えることがたくさんあるのは当然です。

でもね、もし君が「覚えるのがいやだ！」と言うのなら、こんな世界に行ったことを想像してごらんよ。ただ一種類の「草」という名前の草しかない世界。そういうところなら覚えることはただ一つ「草」。これも草、あれも草、みんな草。とても簡単だけれど、なんとさびしいつまらない世界だと思わないかい？

みんな違っていて、それぞれが（素晴らしい）名前をもっているからこそ、この世はおもしろくなる。覚えるのがたいへんだと悩むくらいに、地球にはいろいろ違ったものがいて、それが地球が豊かだということなのです。苦労して覚えることは、地球の豊かさを身をもって実感することだと思えば、勉強が少しは楽になりませんか？

細胞の構造、ホルモンの名前。たくさん覚えるものがありますね。細胞の中には核がある、ミトコンドリアが、ゴルジ体が……。これは生きものがとても複雑な体と仕組みをもっているからなのです。複雑だからこそ、私たちはこんなにいろいろなことができるのですね。時間をかけなければ覚えきれないほどの、素晴らしい体を私たちはもっているのです。たくさん覚え、悩むことのできる幸せを実感するのが生物学なのです。

Q　同じ理科でも、生物学と物理学とは、感じがとても違うのですが。生物学の特徴を教えてください。

A　生物は覚えることが多いのは、多様性を大事にするからです。物理で覚えるのは〇〇の法則だけ。共通の法則を覚えたら、あとはそれを応用するだけで済んでしまいます。

生物学も、もちろん共通性を追い求めますよ。体は全て細胞でできている、全ての遺伝情報はＤＮＡという共通の分子である、等々。

生物の共通の特徴として、生物は環境に適応しているという点もあげられます。どの生きものも、自分の住んでいる環境の中で、うまく生きていけるようになっています。地球の環境は多種多様。その多様な環境に、それぞれ適応した生物が生きている。つまり、どの生物にも普遍的に備わっている共通の性質（環境に適応するという性質）が、生物の多様性を生み出しているのですね。普遍性が多様性を生み出している、それが生物というものです。

多様性とは、それぞれが個性（個別性）をもつことと言ってもいいでしょう。普遍性と多様性（個別性）とがからみあっているところが生物学の、じつにおもしろいところなのです。だからそれだけ複雑であり、勉強しがいもあるのですね。

もう一つ、生物が複雑になる要因があります。物理の法則は、いつでもどこでも成り立つ（普遍性のある）もの、何度やっても同じ結果になる（再現性のある）ものばかりです。科学とはこのような法則を発見するものだと、よく、ものの本には書いてあります。

生物学も科学だから、このような面も大いに強調します。ただし、それだけでは済まないのが生物学。生物は歴史をもったものなのです。

生物の歴史を記述することも、生物学の大きな役割です。歴史というものは再現性のあるものではありません。クレオパトラの鼻がもうちょっと低かったら、まったく違った歴史になっただろうとよく言われますが、もし巨大隕石がぶつからなかったら、われわれ哺乳類がこうして大きな顔をしていられたかどうかは、疑問なところでしょう。

歴史には偶然が入り込みます。一つの法則さえ覚えておけば、あとはその法則から予測される結果にいつもなる物理の世界とは違うのです。だから謙虚に現実を見て、それを覚えるしかないという面が生物学にはあるのです。

歴史を記載するとは、物語を語ることでしょう。歴史上の、個々のささいな挿話が、物語をいろどってくれます。それを知ることはじつに楽しいことですよ。そして、その歴史は現在の自分へとつながっています。四十億年の生命の歴史を知れば（覚えれば）、私が今ここに生きている意味の理解が、ぐんと深まります。

歴史はたった一回きりであり、再現性はありません。だからこそ、今ここで私が生きていることが、かけがえのないものになるのです。生物学を学ぶことは、私自身がかけがえのない存在だということを認識することにつながります。私のかけがえのなさ、この地球のかけがえのなさが理解できるのです。自分を大切にし、他の命を大切にし、この地球を大切にする思想を、生物学を学ぶことにより、身につけて欲しいのですね。

Q　個人的なことを質問させてください。なぜ大学で動物学を専攻したのですか？動物がお好きだったのでしょうね。

A　私は特に動物好きというわけではないんですよ。動物学を選んだのは、学問らしい学問をしたかったから。私が大学に進んだのは高度成長期。一生懸命に働いて豊かになろうという気分がみなぎっていました。そういう時代だったからこそ、物質的な豊かさの追求ではない純粋な真理の追究をしてみたかったんです。

学問にも、実生活に直接役に立つ学問（実学、学部で言えば工、農、医、法、経など）と、そうでない学問（虚学、文学部と理学部）があります。私は子供の頃から、虚学をやりたいと思っていました。それに、人間とは何か、自分とは何者かが、とても知りたかった。それを知るやり方はいろいろあるんですが、どうも文学部は人間の頭や心の中ばかりのぞきこんでいる気がしたし、物理や化学は人間から離れすぎている。だからその中間のレベルで人間を考えてみようと思い、理学部の動物学教室に進学したんです。

Q　沖縄に行かれたのは、特別の理由があったのですか？

A　まともな動物学者になるためには、とにかく動物がまわりにうじょうじょいる場所で、動物にどっぷりと浸って研究する経験をもたねばならないな、と強く思ったんです。沖縄にはサンゴ礁があります。なんといってもサンゴ礁の海には動物がたくさんいるんです。サンゴ礁と熱帯雨林とが、地球で最も生物の多いところです。

沖縄に行ったのには別の理由もあります。これは動物学を選んだ理由の一つでもあるのですが、私は人が群れ集まっている場所には行かない、大勢がやっていること、やりたがっていることはしない、というのを原則にしているんです。だから沖縄の小さな島の、研究員一人という研究所で、研究者がほとんどいないサンゴ礁のナマコの研究をやったのです。

大勢の人間がやっていること、やりたがることは、大切なことが多いのは確かでしょう。そういうことをやり、そういう場所にいればやりがいもあるし、世界の中心にいる気になれるわけで、気持ちも良い、安心もできる。なぜそこにいるの？　なぜそれをやっているの？　という問いに答える必要もない。みんながやっているんだもの、良いに決まってるさ、と答えれば、それで済んでしまいますからね。でも、私はそういう生き方はしたくないんです。

世の中には、誰もやりたくなくてもやらねばならないことは、たくさんあるはずです。

最澄の「一隅を照らすもの」や、福音書の「隅の首石《おやいし》」という言葉は、好きで大切にしている言葉です。世の片隅で、かすかでも灯をかかげながらじっと世界を支えているという生き方をしたいなあと思っています。

もちろん、誰もやっていないことはフロンティアでもあるのですから、知の冒険をやってみようという気持ちも大いにありました。

私は教養主義的な人間なんですね。ゲーテのヴィルヘルム・マイスターみたいに、徒弟時代は一生懸命自分のわがままを抑えて親方にお仕えし、それから広く世界を遍歴して武者修行で腕をみがき、そしてマイスター（親方）になるという段階を、きっちり踏んでみたかったんです。遍歴するなら、自分一人でどこまでできるか孤島で腕試し、という気分もありましたね。

言い添えれば、そういう自分のためだけの目的で沖縄に行ったわけではなく、僕にも何か沖縄のためにできることがあるんじゃないかという気持ちも、もちろんもっていました。自分のために世界が何をしてくれるかだけを考えていてはだめ、自分は世のためになにができるかを考えてはじめてまっとうな人間になるのだと習い、その通りだと考えているからです。高校生のみなさんが進路を決める際にも、自分にとって得になるという視点だけで選ばずに、自分が社会の役に立つのにはどうすればよいかを考慮して下さるとありがたいのですが。

子供時代に考えていたこと

私の育った仙台の旧市街は路が碁盤の目のように走っていました。東西に走る路は、南から北へ順に北一番町、北二番町、北三番町と呼ばれており、わが家は北四番町百六十番地。高い建物などなかった時代です。路に立つと、西の方、路の果てまで夕日の落ちていくのを眺めることができました。夏の日はほんとうにゆっくりと時間をかけて少しずつ沈んで行きます。

とても小さかった頃のある夏の夕方、太陽の沈んで行くのをじっと眺めていた記憶があります。電柱にもたれて西空をずーっと眺めておりました。

小さい子供が長いこと空を見つめているのですから、不思議に思われるのも当然でしょう。「たっちゃん、何してるんだい」と近所のおじさん。「ううん、何も」と下を向いて小さく返事をしたのですが、その時、実は物思いにふけっていたのです。一日はこのように暮れていくのか、時間とはこのように流れていくものなのかと。はっきりと言葉にはなっていなかったかもしれませんが、そんなことを感じ、考えていたのでした。でも今思っていることをそのまま言ったら、それは子供には似つかわしくないことだろう、だから「何も」としか答えなかった。そこのところの心の動きははっきりと記憶に残っています。

その時おじさんが写真を撮ってくれました。裏に書かれた日付からすると、四歳のことです。

次は幼稚園の記憶ということになるのでしょうが、私は幼稚園には行っていません。母がその頃、仙台でも広まってきた幼稚園に対し批判的だったからです。母は明治生まれ。若い頃には小学校の先生をしていたこともある人間です。先生とは尊敬し、畏れかしこむべきものである。でも幼稚園では先生を遊ぶ相手だと思うくせがついてしまう。行く必要はない！　と、断固たる態度をとっていました。

偉大な母の薫陶を受け、かしこまって小学校に入ったのですが、やはりびっくりしましたね。幼稚園経験組（ほとんどの子供がそうでした）は、先生には抱きつく、何にでもハイハイと手を挙げて、見当違いや勝手なことでもどんどんしゃべる。びっくりするとともに、美意識の強い子でしたから、あんなはしたないまねはしない！ と決意して、じっと様子を見ていました。すると手を挙げる行為そのものに疑問を感じてしまったのです。正しいと思うから手を挙げるんだろうけれど、そもそも「正しい」とはどういうことなんだろう？ 私が正しいと思うことが正しいのだろうか。それとも先生が正しいと言うことなのか。いや、もっと偉いだれかがいて、正しいと教えてくれるのだろうか？

こんな根元的な疑問をもつと、ますます手を挙げにくくなります。結局、小学校時代を通して一切、手を挙げずにすごしました。子供の頃から、「そもそも」ということを考える性格だったようです。やはり学者向きだったんでしょうね。

こう書いてくると、陰性で不活発な少年みたいですが、そうではなかったと思っています。たとえば音楽少年としてはずいぶん積極的で、バイオリンは熱心に練習していましたし、学校の合奏団ではピッコロを吹き、合唱団でもＮＨＫのコンクールに参加しました。澄んだ、きれいなボーイソプラノだったんですよ。

中学校ではクラブを三つかけもちしていました。一つは弱い柔道部員。あとの二つは音楽関係です。

ブラスバンド部を新設したいんだけどフルートがいないので是非に、と請われて入り、お披露目演奏会をするところまでなんとかこぎつけました。小さい頃から音楽だけは器用で、あれこれ楽器が扱えたのです。

もう一つは合唱団。数年前にはNHKコンクールで全国三位という実績があり、先生がこれぞと思う生徒を集めて特訓するのです。音楽は好きで、ずいぶんと時間をかけました。

でも音楽家になろうとは思いませんでしたね。「好きなものでは飯は食わないぞ」と決めていたんです。

こう思ったのにはいくつか理由がありました。直接的には小学校の時、バイオリンのコンクールに出て、上には上がいるなとすっかり思い知らされたこと。

もう一つは私の性格的なものでしょう。自分が現時点で好きだと思っていることに、どれだけ大きな意味をもたせていいものか、大いに疑問を感じていたのです。そのため「自分が正しいと思う」や「自分が好きだ」をもとにパッとは行動しないから、絶対やりたい！　と主張する子に、いいところはみんな取られてしまい、ただ傍観するだけという事態によく陥ったものです。そんな時、それなりに理屈をつけて考えるんですね。

好きなことだけやって生きていければ楽です。しかし世の中は、自分の好きなものばかりでできているわけではありません。好きではないけど、とても大切なもの、好きではないけど、どうしても付き合わざるを得ないもの、そういうものの方が多いはずです。好きなことなら誰にだってできるでしょう。好きではないこと、世の中の人みんなが敬遠してうち捨てているけれど、誰かがやらねばならぬ大切なことがあるはずで、そういうものを率先して引き受けるのが尊い生き方ではないでしょうか。小学校五年の時の作文にそんなことが書いてあります（作文の題は「陰の力」）。

私はナマコの研究者になりました。美しくもないし可愛くもない動物です。好きにはなれません。でも、研究していくうちに、ナマコにはナマコとしてつじつまのあった世界があることが分かってきました。分かってくると、好きにはなれなくても、尊敬はできるようになります。好きではないものと、それなりに付き合っていける知恵をもっているのが成熟した人間であり成熟した社会だと私は思っています。

好きなことは、どういう状況になってもできるものですね。私は音楽家にはなりませんでしたが、ナマコの歌をつくって、授業時間に学生たちに歌って聞かせています。

ＣＤブック『歌う生物学必修編』

高校の教科書（生物）の執筆者に、縁があって加わることになりました。そこで久しぶりに教科書を読んでみたのですが、なんと知らないことばかり書いてあるのですね。こんなにたくさんのことを高校生は覚えなければならないのです。そして恥ずかしいことに、その多くを知らなくても、こうして生物学者としてやっていけているわけです。

これは問題。はたしてこんなにたくさん教える必要があるのかは、大いに問題にすべきでしょうが、それはそれとして、私自身の無知蒙昧《もうまい》が大問題。これではいけないと勉強をはじめました。どうせ勉強するのなら、歌をつくってしまおう。そう思いたち、学習指導要領（学校で教えるべき項目を文部科学省が定めたもの。教科書を作る際の指針となる）の項目をすべて書き出して、各項目に一曲、歌を当てはめていったのです。

生物の教科書はゴチックになったキーワードだらけ。これを覚えるのですから大変です。歌詞にキーワードをちりばめ、聞いて歌えば知らず知らずにそれらが体に染みついて忘れられなくなる。そんな歌にしよう。いつでもどこでもヘッドホンをつけているのが当世の若者だから、生物学の歌を提供するのは、今風の子供達の勉学を助ける小さな親切運動になるだろう。

生物の専門用語など、覚えやすいものではありません。覚えるには語呂合わせが一番。たとえば、植物の体の中で水が通っていく管（道管）がありますが、水が通るのだから「道管は水道管」と覚えればいい。そこでこんな歌詞を作りました。

木部《もく》の道管　水道管
すいすい水が　通ってく
水の通りの　よいように
中味の抜けた　からの管
木部の道管　水道管
すいすい水が　通ってく

「勇気りんりんアドレナリン」はこんな歌詞です。

勇気りんりん　アドレナリン
瞳ぎんぎん　アドレナリン
心臓どきどき　アドレナリン
鳥肌ぞくぞく　手には汗
血糖上がるぞ　アドレナリン
交感神経　ノルアドレナリン
副腎髄質　アドレナリン
勇気がりんりん湧いてくる

体の中でアドレナリンが分泌されると、いざ出陣！　という戦闘モードに入ります。だから勇気凜々なのですが、もちろんりんりんはアドレナリンとの語呂合わせ。こんなふうにイメージ合わせと語呂合わせを併用すると覚えやすい歌詞になります。それに、これだけアドレナリンを連呼すると、もう忘れようったって忘れられなくなってしまうものです。

こんなふうにして曲を作っていきました。最初は五十曲と見込んでいたのですが、やはり、あの分野もほしい、あれも足りないというわけで、とうとう七十曲になってしまいました。

生物の教科書二冊分（『生物Ⅰ』と『生物Ⅱ』）をまとめたものです。曲数が多くなるのは、いたしかたありません。七十曲も覚えるのか、そんなに多いなら教科書を覚えるのと変わらないじゃないか、などと言われたりもするのですが、これには数字をあげて反論しておきましょう。

標準的な教科書だと、字数の総計が二冊で二十五万字程度。歌詞の字数は七十曲で二万一千字。十分の一以下に圧縮したのですから、この努力は認めていただかなければ。

こうして曲を作ったのですが、出版社さがしが大変でした。私の歌は、何もしらずに曲を聴いただけでは、ちんぷんかんぷんです。歌詞の解説を読んで、それから歌を聴くと、はじめて有難味のでてくるものなのです。だから歌詞の解説本と歌のＣＤとをセットにしなければ意味がありません。ところが本の出版社はＣＤを作ると聞いただけで相手にしてくれませんし、音楽会社は本は出しません。いろんな会社に声をかけたのですが、どこもだめ。

世間ではマルチメディアという言葉が氾濫していますが、マルチになったのは機械だけなのですね。編集者もＣＤのディレクターも、さっぱりマルチではないのです。とくに大手出版社の若くない編集者のほとんどが、ゴリゴリの活字至上主義者でした。教育や文化の王道は活字。それは正しいと私も考えていますが、これだけ映像や音楽が生活に大きな影響を与えるようになってきたのですから、編集者も（そして教師も）、文字以外のものの活用に心を開く必要があると思います。授業で歌うということをやっていると、それに対する活字至上主義者の教師や編集者の批判的かつ尊大な態度には、面白くない思いを常にさせられています。

でもついに理解ある出版社がみつかりました。ＴＢＳブリタニカ（現、阪急コミュニケーションズ）が出してくれたのです。『歌う生物学必修編』。二百頁の本にＣＤ三枚。全曲を聴くと三時間半かかる大歌曲集になりました。これだけの曲数を録音するとなったら、まともにやれば一年以上かかるのですが、そこはなるべく安上がりにするために、たった四日で録音をすませました。ほとんどとりなおしなし。ライブ録音盤みたいなものです。

本書を上梓する前に、知り合いの高校の先生方にモニターになってもらいました。評判は非常に良いですね。授業風景のビデオを送って下さった方もあるのですが、生徒たちはCDに合わせてじつに楽しそうに歌っています。歌詞の一部を空欄にして試験すると、ここが出るぞと言わなかった場所でも正答率八割以上。「授業で二回しか聞かせなかったのに、八ヶ月たった後でも歌える生徒がけっこういて、びっくり」というメールもいただきました。効果のほどは実証済みです。

このCDブック。こんなもの売れるのかと出した出版社も心配していたのですが、たちまち重版。もし売れなかったら、大英断で出版してくれた編集者に済まないと気をもんでいたのですが、一安心。テレビや新聞、ラジオも一社ならずとりあげてくれ、評判は良いですね。「徹子の部屋」でも何曲か歌わせてもらいました。

評判と言えば、思わぬ雑誌がとりあげてくれました。『サイエンス』。世界でずば抜けて権威のある雑誌です。これに論文が掲載されれば、最高の研究だとお墨付きを得たことになり、研究費も来る、昇進にもきわめて有利。この世界に冠たる科学雑誌に、私のＣＤブックが「ソングズ・オブ・ライフ」として紹介されたのです。小生が本をもった写真も一緒に。海外からはさっそく「コングラチュレーションズ、タツオ！」と電子メールが届きました。

まさか歌をうたって『サイエンス』に載るとは思ってもみませんでした。自分の研究が写真付きで『サイエンス』に紹介されたら、巨大な研究費を申請しても採用されること確実。人もうらやむ『サイエンス』なのです。だからと言って「歌う生物学プロジェクト」で研究費を申請しようとは思いませんが、「授業で歌などうたいおって」と怖い顔をする先生方には「『サイエンス』が認めてくれたのであるぞよ！」と黄門様の印籠がわりには使えるなと、ほくそえんでいます。

高校の教科書は、ぶっきらぼうな事実の羅列になりがちです。それは先生方が授業で使いやすいということを第一に考えれば、致し方のないことなのです。だから生徒のためには、親しみやすい参考書が別途、必要になるのですね。このＣＤブックは、親しみやすい、覚えやすいということを全面に打ち出したもの。いわばゲリラ版の参考書です。こういう、なりふりかまわず生徒への親切心にあふれた参考書が、今までなかったのですね。教育者はなりふりをかまうものなのです。私は教育界の部外者だから、こんなはしたないまねができるわけで、部外者という立場も悪くはないと思っています。

ただしこれはあくまでもゲリラ版。参考書として不十分なのはもちろんです。そこで、非常に詳しくて分かりやすい正統的な生物の参考書も作ることにしました。「チャート式」という老舗ブランドの改訂を引き受けることにしたのです。歌だけ歌っていると、お前は遊び半分で高校教育に関わっているのではないかと言われてしまうのですが、教科書、正統派参考書、ゲリラ版参考書と、こうして三部作をそろえておけば、真面目に子供達のためを思ってやっているんですよと、真意が伝わると信じています。

豊かさの転換

世は科学・技術の時代です。技術は物質的な豊かさをもたらしましたが、私たちの考え方にも大きな影響を与えています。

技術の基礎は物理学。物理では一つの数式ですべてを書き表そうとします。天体の運行もリンゴが落ちるのも同じ式で記述したのがニュートンの偉大なところ。自然は見かけはいろいろでも同質で、一つの数式で書き表せ、違いは量だけだとするのが物理学のやり方なのです。

これが私たちの思考の型になってしまいました。たとえば入試の偏差値。才能は質的にも違うはずですが、それを同質とみなして数値化し、量の違いで判断します。数値化できれば客観的であり皆が納得します。

このやり方の最たるものがお金でしょう。物の価値はいろいろで単純な比較はできないはずですが、それをお金という一つの物差しで計って、量の多い少ないで価値を決めます。世の中万事がお金とすると、私たちは物理学的思考が最も正しいと信じて生活しているわけですね。

物差しが一つなら、豊かさは量の多さでしか計れません。だからこそバブルにもなったのです。資源の枯渇が深刻になっている時に、量の豊かさをこれ以上追い求めることは控えて、発想を変えるべきでしょう。

価値観がいろいろあって物を見る物差しをいろいろもっていることが豊かだと考えたらどうでしょうか。私たちはこの狭くなった地球の上で、多様な人たちや多様な生物と共に生きていかねばならないのです。物理的単純思考はもう卒業し、これからは多様性に価値を置く生物学の思考法を身につけていくべきだと私は思っています。

理科を学ぶ意義

理科離れが問題になっています。そうなるのは、何と言っても、ちまたに物があふれているからでしょう。何も無い時代には、物を作り出すことに魅力や生きがいを素朴に感じられました。でもこれだけ物があふれてくると、それを作って増やすなんて、かえってうっとうしいことかもしれません。物作りの面白さを、生徒にもっと教えよう、そうすれば理科離れが止まる、という考えもありますが、物に辟易しているわけですから、どれだけそれが有効かは、いま一つ疑問です。

日本で理科と言えば、富国強兵、技術立国の基としての位置を占めてきました。だから理科離れは国家にとって由々しきことなのです。このように、理科とは、物を作って私たちを物質的に豊かにするための学問という見方が日本では強いのですが、ここでは、別の角度から理科を眺めて、その重要性を宣伝してみましょう。

現代人の生活に理科（自然科学）が深く関わっているのは、私たちが科学の生み出した物に囲まれて暮らしているという点だけではありません。科学は現代人の思考の枠組みを作っているのです。私たち現代人みんなが共通に正しいと信じているものは、科学の示す事実ではないでしょうか。もちろん宗教も真理を与えてくれるのですが、それは宗教ごとに違います。自然科学で正しいとされていることならば、世界中、どこへ行っても通用します。

私は自然科学とは、自然の見方を提供するものだと思っています。個々の事実を発見するのも科学のいとなみですが、それらの事実をもとにして自然の見方をつくり上げるのが、科学のもう一つの大きな仕事です。自然の見方とは自然観ですね。自然観は世界観の一部ですから、科学は世界観の形成に役立っているのです。昔は自然観も宗教が与えてくれるものだったのですが、現代では、それは科学が与えるものになっています。

科学的考え方は、今や日常生活のすみずみにまで浸透しています。自然科学が、私たちの生活を物質面で支えてくれているのは明らかなのですが、じつは、生活していく上での常識と思考の枠組みをも、科学は提供してくれているのです。

このように自然科学は物質面・精神面を問わず、私たち一人ひとりにもっとも密接に関わっているものなのです。現代を善く生きようとしたら、自然科学とはどういうものかを、その長所も短所もあわせて理解しておく必要があります。だから理科を学んだ人こそが、善い社会人になれるのですし、そういう人たちは、理科以外のどんな分野ででも活躍できる人なのです。

理科系とは、物を作るだけが能ではないし、コンピュータだけが友だちというおたく人間でもないし、半田ごてをにぎりしめ捕虫網を振り回し望遠鏡をのぞいて喜んでいる精神的に未熟な人間でもない。思慮にあふれた常識人こそが理科系に進むべきなのだと、心ある生徒さんたちにお伝え下さい。

一億総理工系時代

理工系離れが問題になっている。これはいけない。理工系の魅力を大いに発信しなければならない。その際、ハイテクの有用性やかっこ良さ、もの作りや真理追究の楽しさを宣伝するのはもちろんだが、ここではちょっと違った面を強調したい。理工系は、現代人に最も信頼されている大変にエライものだという面である。

何を真理と信じて生きているのか、と現代人に問えば、それは自然科学だろうと私は考えている。昔は宗教が真理を教えてくれた。しかし宗派によってこうも言うことが違うと始末に悪い。それにひきかえ、自然科学の指し示す事実はどこへ行っても同じだから、客観的で信頼できる。自然の見方のみならず、よろず真実というものは自然科学が教えてくれるもので、それ以外はなんとなくあやふやで信ずるに足りないものだとする考えが、現在は広く受け入れられているように思われる。かつて宗教が果たしていた役割の多くを、今日では自然科学が担っていると言えるだろう。特に日本は表だって強力な宗教をもたないため、今や「科学教」が国民宗教になっているのではないか。

科学の基礎は物理学とされている。物理では、ものごとをなるべく単純化する。世の中にはいろいろ異質なものがあるのだが、それら異質のものも同質なものだとみなしてしまい、違いは量の違いに還元する。そうすると、すべてが量で表すことができ、数式で処理が可能になる。

数式の良い点は、あいまいさがなく、誰にでも同じメッセージを伝えられること。言葉で書かれると、そうはいかない。日本語はそれが分かる人にしか通じないし、同じ日本語の文章でも、状況により、違った意味にとられることもある。そういうあいまいさが数式にはない。さらに数式のすぐれた点をあげると、式の変数の部分を変えるだけで、こんな結果になるだろうという予測ができること、変数は特定のものを直接さすわけではないので、広くさまざまな場面に応用が利くことなどである。

質の違いを量の違いに還元し、数式で表すやり方はとても便利なため、生活のすみずみにまで浸透している。その最たるものがお金。お金とは質を量に変換するものである。金がすべてというのが御時世とすれば、まさに物理学的思考がわれわれの価値観を支配しているのであり、現代人は物理学を信じて生きていると言って悪くない。

かくも私たちは「科学教」の信者になってしまっているのだ。現代では数字をあげてものを言わなければ説得力はない。科学的でなければ正しくはない。だからこそ宗教までもが教団の名に科学を標榜したりするのだろう。これは「一億総理工系時代」と呼んでいい事態ではないか。

自然科学が現代人の物質面のみならず、行動や心までをも大きく支配しているわけだ。ならば、理工系の長所も短所も良く知って、はじめて人として善く生きていけるのだし、それだから、理工系出身者には、人を教え導く責任が生じるのである。政治であれ経済であれ、どの分野にも、理工系をわきまえた人間がどんどん進出してリーダーシップをとるべきだし、それができる人材を育てていかなければならない。物作りの現場においても、これまでのように、たんに物だけにしか目を向けないやりかたは、もう卒業すべきだと思う。

理工系の者は自己の専門に閉じこもり、これほど大きくなった影響力に見合った責任をとってこなかったように思われる。科学者といえば、ただ自分の興味だけでへんてこなものを作って喜んでいるマッドサイエンティストのイメージがある。無邪気な子供の好奇心を大人になってももっているのが良い科学者だと、よく言われるが、子供のまま大人になってもらっては困るのである。子供なら自分の好きなことだけをやり、その結果に対して責任をとらなくてもよいだろう。だが、広く社会に目を向け、自分のやっていることに責任をとるのが大人である。自己の生み出したものの社会に与えた影響に対して、責任をとらないのが科学者・技術者の伝統だった。この無責任さが理工系に対する尊敬の念を失わせ、ひいては理工系離れにつながっているのではないかと、私は危惧している。

理科離れ――もう一つの視点

理科離れが問題になって久しい。資源の乏しいわが国がここまでこられたのは技術のおかげ。これからも当然技術立国を続けていかなければならない。だから理科離れはゆゆしい問題だという議論は、とても説得力がある。

技術の基礎として理科が大切であるのは論をまたないのだが、ここではちょっと違った角度から理科離れ現象のゆゆしさを眺めてみたい。

小学校ではみんな理科が好きなんだけど、中学になるとねえ、という声はよく聞く。さもありなんと思う。小学校で理科といえば、花を観察し、虫を見、太陽の動きを調べ、というように、すべて現実にそこにあるものを目で観察するのが理科。ところが中学になると、分子や磁界など、目に見えない抽象的な概念の取り扱いが学習の中心になってくる。小学校と中学の理科とでは、明らかに内容に質の違いがある。

中学へ進んで、これほど大きな質の違いが現れる科目は他にないだろう。中学ではすべてが詳細になり範囲も広がる。それでも、社会を例にとれば、歴史といえば過去の人たちがやったことを学び、地理は現実の地球の様子を知りと、対象や取り扱い方がそれほど大きく変わるわけではない。

理科という科目は、実験をやって自然現象を直接的に取り扱っているから、社会などより、対象は具体的で変わることはないように見えるかもしれない。ところが現実には、実験で見た現象と、それから導かれた理論との間には大きな質の違いが存在する。

理論のほうはまったく抽象的。虫や花や星という目に見える物を具体的に取り扱った小学校までとはまったく違い、概念というどうにもイメージの浮かびにくい抽象的なものを中学では扱うことになる。もちろん花や虫の具体的なことも学びはするのだが、教室で時間をかけやるのは抽象的な概念や理論とそれに基づく計算。そしてそれが試験に出る。いきおいそっちを主に勉強することになる。

小学校でも抽象的な操作が出てこないわけではない。主として算数の時間に学ぶ。算数的な操作は難しいのは確かだから、嫌いな子は小学校から算数が嫌いになる。算数は数学と名前が変わるが、抽象的という点では首尾一貫しているから、理科のように、中学で急に嫌いになるということはない。理科という教科の難しさは、具体的な物の世界から抽象的な概念の世界へと、急に力点が移行するところにある。

科学はどの分野であれ、現実をよく見て、世界にいろいろなものがあることを正確に記載し、また新しい現象を発見していくという側面と、そうして得られた多様な現実から共通性を抽出し普遍法則を導くという側面の、両面をもっている。

現実を見るにはもちろん鋭い目が必要である。一方、共通性を見いだすには、生《なま》の現実から少々身を引き離して考える必要がある。ある程度、現実のゴチャゴチャした多様性には目をつぶる必要があるのである。目の関与が前者と後者とで、正反対と言えるほど違う。

小学校の理科では目が中心。それが中学で急に抽象的な概念操作に中心が移る。同じ理科という名前だけれど、教わることがまったく変わってしまうからこそ、この時点で理科離れが起こりやすいのだろう。ここが理科教育の難しさである。

そうは言っても、この難しさは今に始まったことではない。なのになぜ今、理科離れなのかが問題になるところである。

これはやはり、今の子供たちが、生々しい自然に触れる機会が少ないことが根底にあるのだと思う。

一時代前の子供たちは、野山をかけめぐり泥にまみれて虫をとり、自分が目で見た自然の確かさを、しっかりと身につけていた。すりむけば血が出る、痛い。食べなければ腹がすく。寒さは身にこたえる。ひもじさも暑さ寒さも、身にしみて感じるからこそ、そう感じる自分の存在は確かであり、そこに生えていて飢えを満たしてくれる芋も稲も、確実に存在するものであった。自分が目で見る自然が、すべて確実に存在しているのだという実感をもっていたのである。

そうした実感があるところに、現実から一歩身を引いて抽象的な概念を使うことを学ぶ。抽象化の手法により、自然がすっきりと理解できるということを教えられれば、これは大きな驚きとなったであろう。哲学は驚きに基礎をおくが、自然科学も自然哲学なのであり、こういう驚きこそが子供を科学に導く。

ところが今の子供たちは、生々しい自然に触れる機会が少ない。自分が目で見て触って感じる、この現実の自然の確かさが身にしみついていない。そういう状況で抽象的なものを教わる事態になる。そこが大問題なのである。

目で見えるものは、まさに自分が見ているものだから、これこそ確かなもの、信じるに足るもののはずである。ところが中学になると別なことを習う。目で見るといろいろと違いがあるように見えるのだが、それは皮相な見方であって、目に見えない分子というものを考えると、みかけは違うように見えても、すべて共通の法則で統一的に理解できる。こういう目に見えないものこそが科学の真理であり、これこそ正しいものだと習う。

分子は目に見えない（原子間力顕微鏡をつかって分子が見えるようになったのはつい最近のことであり、それだって直接見ているわけではない）。もろもろの実験事実を理詰めで考えると、分子があるとするとつじつまがあうというのが分子の概念である。理詰めの部分は中学で教えるわけではない。だからこれは、見えないもの、自分では確かめようのないものをだまって正しいと信じなさいと教えているに等しい。

こんなふうに教わっても、目で見る自然の確かさが身についていれば、抽象的な世界が、現実の目に見える世界を否定するものだと考えるようなことはしないだろう。かえって、抽象的な見方をすることにより、もう一つの新たな別の世界が広がったことに驚き、それを喜びにできる。

ところが現在のように、目で見る世界の実在感がしっかり身についていない場合には、抽象的な世界が示され、それがより正しい見方だと教えられれば、自分の目で見た世界は否定さるべきものだと言われたと、子供たちが受け取ってしまうおそれがある。

小学校までは自分の目でしっかり見なさい、それが正しいのですと教わってきた。なのに突然、それは皮相な見方ですと言われれば、とまどってしまう。とまどうだけならいいのだが、自分の目を信じてはいけないと言われたようなものだから、これは自己を否定されたと感じて、強く反発する子も出てくるだろう。その上、見えないものを頭から信じなさいと言われるわけだから、理科とはじつにうさんくさいものだと、否定的な感情をもつ生徒もいるに違いない。

一番こわいのは、自分の目も、目で見たものも信じなくなり、抽象的な概念をのみ正しいものと信じ込む子供が出てくることである。現実感のない子の場合には、理科という、本来は現実の自然に密着している科目を学んだおかげで、かえって抽象的なバーチャルワールドこそが本物だなどと思いこむ危険がある。これがこわい。

こう考えれば、理科離れを起こす子供の方が健全なのであって、何の疑問ももたずにすんなり理科好きになどなられると、かえって心配になる。理科離れはめでたい事だと言えないこともないわけだ。

オウム真理教事件の際、理科系の学生が数多く信者になっているのは不思議だという論調があったが、これは不思議でも何でもない。見えるものを信じるな、見えないものを信じよと言われて、何の疑問も感じずに素直に理科系にいく子供だったからこそ、容易にあのような信仰に入っていけたのであろう。

これは理科離れよりもゆゆしきことだと私は思う。

自然科学においては、自然を見る鋭い目と、それを抽象化する思考との、両者のバランスが大切である。この目と思考のバランスは、健全な世界観をもつためにも必要なものなのである。そして、ITの時代などと言われ、ますます目に見えないものが世界を席巻する様相を呈しているが、こういう時代だからこそ、よく見える目と目に見えるものの確かさを、子供たちにしっかりと身につけさせておく必要があると、私は強く感じている。

作ること・作っている現場を見せることの大切さ

私が沖縄に赴任したのは、およそ三十年も前のこと。冬でも咲いているハイビスカス、赤瓦の屋根など、街の景色が慣れ親しんできたものとずいぶん違っていて新鮮だった。

街を車で走ってみて、まず、おや？　と感じたのは、店屋に看板というものがなかったこと。屋号が外壁に直接ペンキで書いてある。理由は台風。看板は風に飛ばされやすいものの筆頭格なのであった。

街を走っていて、もう一つおや？　と感じたのは、工具や建築材料を売っている小さな店の多さ。実験装置を自分で作るためもあって、私はこういう店が気になってしまうのだが、沖縄の多さは印象的だった。

私は那覇から北に八十キロほど離れた「瀬底島」という小さな島に住み、ナマコを相手に研究していたのだが、こういう建築材料屋には、よくお世話になった。なにせ小さな島である。すべて自分でやらねばならない。台風の後には、とくにやることがいろいろ出てくる。潮風でさびたものは、色を塗りなおす。折れたものは、溶接だってする。セメントをこねてブロックを積む、等々。学生たちにも手伝ってもらったが、手慣れたもの。A君など、親父さんと二人で自宅を建てたと言っていた。

沖縄に建築材料屋が多いのは、皆が自宅のメインテナンスを自分でやっていたからだ。それは頻繁にくる強い台風のゆえもあろうし、当時の沖縄の貧しさも関係するだろう。専門の職人に頼むのは高くつく。でも一番の理由は、小さな島には専門家が少ないので、自分でやらざるを得なかったからだろう。

瀬底島では、三食自炊。何でも自作。こういう生活をしているうちに、どうなっても何とか生きていけるさ、という自信がついた。これは大きい。そして、作り手の側に立って、はじめてものはちゃんと使えるようになるものだと思うようになった。自分で作れば、どんな構造かが理解でき、使い方も賢くなる、大切にも使うのである。

私が子供の頃には、近所で家が建つとなると、子供たちみんなで眺めていたものである。ヨイトマケなど、本当におもしろかった。鑿《のみ》と鉋《かんな》を研いでばっかりの大工さんには、不思議な気がしたのを覚えている。

自分の手で作るとまではいかなくても、見るだけでもいいだろう。昔の建築現場は、住まいを作るという大切な作業を見せ、作り手の汗と苦労を見せ、家の構造を教える、よい教育の場だったと思う。近頃ではすべてが囲いの中、密室の作業になってしまっている。安全のためとは言え残念なことである。

理科の言葉

これはリュディ君から聞いた話である。彼は私のところに留学し、研究室の助手も務めてくれたドイツ人。動物の形態学が専門で、ウニの歯の構造を電子顕微鏡を用いて調べ、ルール大学で博士号をとった。

ドイツの形態学は昔から定評がある。動物の構造を、ものすごく細かくていねいに観察し、その結果を黒インクを使って、きわめて美しく、詳細で正確、それでいて分かりやすい図として描く。彼の博士論文を見せてもらったが、電子顕微鏡写真の他に、彼が描いたたくさんの図があり、その美しさに舌をまいた。旧き良き伝統は、しっかりと受け継がれているのである。

博士号を得るには、論文を提出し、審査員の前で論文内容を発表し、質疑応答形式の試験をうけ、という手続きを踏む。これはドイツも日本もかわらない。われわれ生物系の博士論文発表会といえば、スライドを使って、ふんだんに図や表を示しながら発表するものと相場が決まっている。リュディには美しい写真や図がたくさんあるのだから、彼の論文発表会は、それがつぎつぎと映写され、さぞかし感銘深かっただろうなと想像した。

ところがである。聞いてみると、写真も図もグラフも一切なし。発表会会場には、映像機器を持ち込むことは許されず、黒板も使用できない。ただしゃべるだけ。彼の研究は形の記載なのである。百聞は一見にしかずで、形を分からせるには見せるのが一番の近道なのだが、それは許されないのだという。

これには理由があった。そもそも生物学はバイオロジー、バイオ（生きもの）＋ロジー（ロゴス）。学問は言葉《ロゴス》である。この世に言葉で表され得ないものはない。世界を言葉で定義し、論理的に理解することが学問というもの。だから学者としてもっとも大切なのは言語能力であろう。それを試験するのが博士の論文発表会だとすれば、言葉だけでやらせるというのは納得がいく。さすが学問の本場は勘所を押さえているなあと、すっかり畏れ入った。

理科もやっぱり言葉が基本なのである。ウニの歯の記述に文学はいらない。そっけなくて良いから、世界を平明に論理的に記述する理科の言葉を、もっともっと国語の中で教えて下さるよう、お願いしたい。

日本の科学は寿司科学

科学、とりわけ自然科学は万国共通で、どこの誰がやっても同じものだと、ふつうは考えられています。ところがそうでもなさそうです。科学にもお国柄があるのです。日本と西欧の違いは、論文の書き方にも表れます。生物学では、次のような項目だてで論文を書いていきます。「序文」（何を知りたくてなぜこんな実験をやったか）、「材料と方法」（どんな生物を使い、どんな方法で実験をしたか）、「結果」（実験で得られた結果の記述）、「議論」（結果をもとにして何が言えるか）、「文献」（引用した文献のリスト）。『生物化学雑誌』というアメリカの雑誌があります。この分野ではたいへんに権威のあるもので、世界中からたくさんの論文が投稿されます。だから、一つでも多く良い論文を掲載するためでしょう、右のいくつかの項目をものすごく小さい活字で印刷してスペースを節約しています（親切にも、虫めがねを使えば読めます、という注意書きがついています）。

大きい活字はぜひ読んで欲しいところ、つまり大切なところ、小さい活字はそれほどでもないところ、そう考えていいでしょう。さて、あなたが編集者なら、どの項目を小さい活字にしますか？

学生たちにこう質問しますと、ほとんどの学生は「材料と方法」「文献」と答えます。もう一項目小さくするなら？　と聞くと、「議論」という答えが返ってきます。

正解は「材料と方法」と「結果」が小活字。

う～ん。なんで「結果」が小さいんだろう？　実験して出した結果こそが、一番大切なものなのに。自然のありのままの姿や実験条件下での姿の記述が自然科学ですよね。それなのに、記述の本体である「結果」が小活字とは、どうにもおかしいなあ……。

こんなふうに不思議に思ってしまうのは、私が日本人だからなんですね。西欧の（そして正統な）科学においては、「議論」の中で何を言うかが一番大切なのです。面白く重要なことが「議論」の中に書いてあったら、それではと言って、おもむろに虫めがねを取り出し、「結果」の項を読むのです。科学においては言葉（議論、考え方、ものの見方、概念）が大切なのであり、いくら詳細な観察をしても、いくら神業的な実験手法であざやかな結果を出しても、それだけでは科学にはなりません。

日本では、「結果をして語らしめる」とか「自然をして語らしめる」という言葉をよく聞きます。「できるだけあいまいさのない結果を出せば、それを見ただけで、何も言わなくてもみんなが分かってくれる。だからきれいな結果を出すように！」そう私も学生時代にきびしく教え込まれました。日本人の書く論文では、「結果」が詳細で長くて「議論」があっさりと短いのがよくあるパターンです。西欧人のものには、実験結果が少ない割には、長々しい議論が展開されていて、こんなことまで、よく言うよ！　と、あきれるものが結構ありますねえ。

「日本人の書く論文は、実験結果は実にいい。でもそれで何を言いたいのか分からない。だからいい評価はできないね」と、アメリカに居たころ、同僚によく言われました。そういう人には、「日本の科学はスシ・サイエンスなんだよ」と反論していたんです。

寿司は材料の味わいをなるべく損ねないように生かす料理ですね。だから「材料を味わう料理」です。「材料をして語らしめる料理」とも言えるでしょう。板前は一歩さがって黙っています。それに対して西洋料理では、手をかけてぐつぐつ煮込んだり、香辛料をふんだんに使ったりしますね。材料本来の味はどこかへ行ってしまい、料理人が工夫してつくりだしたものを味わいます。「料理人の腕を味わう料理、料理人がしゃべる料理」と言っていいでしょう。コック長は高い帽子をかぶり、勲章をぶら下げて表に出てきます。

日本の科学者は板前です。自然をして語らしめ、自分自身はつつましやかに一歩さがって口をつぐんでいます。西欧の科学者は自然を材料に使って自分の考えを展開します。自分が表に出ます。おしゃべりです。大きい勲章もぶら下げます。

科学とは人間が自然を見る見方です。見方は言葉で言い表さなければいけません。自然が自らしゃべるなんてことは、有り得ません。だから西欧人からすれば、無口な日本風の科学など、科学とは呼べないものでしょう。言葉や概念という人間の頭脳の産物を重視して、物そのものを軽視するのが、近代文明の傾向です。それをはっきりと表しているのが『生物化学雑誌』の活字の大小です。

でも、自然科学ですよ。自然そのものを、そんなに小さく扱っていいのでしょうか？　自然がある。それを見る人間が居る。そのはざまに自然科学が成立する。だから自然（結果）と人間（議論）とは、対等の大きさにするのがバランスのとれた態度だと私は思います。

生の魚の切り身など、野蛮で料理とも呼べないと言っていた西洋人でも、食べてみれば寿司はうまいと言います。うまい寿司をつくるのは、板前の腕と材料を大事にする板前の心です。現今の科学は、どうも議論偏重に走り過ぎの気がしますね。だからスシ・サイエンティストの心を西欧の科学者にもっと理解してもらった方がいいと私は考えています。

普遍と個別

　私は生物学という学問を仕事としているのですが、この学問の性質上、普遍と個別の問題を、いつも考えさせられています。科学とは真理を追究するもの。そして真理はすべてにあてはまる普遍的なものです。とすると、普遍を追い求めるのが科学ということになりますね。

　そう割り切れるなら簡単です。物理学ならばそれで良いでしょう。すべては素粒子という普遍的なもので理解できるとか、すべては四つの力に還元できて、最終的には一つの数式で表せるのではないかと、単純化・普遍化する方向で考えていくのが物理学です。

　ところが生物学をやっていると、そうは単純化・普遍化できないのです。この地球には、ものすごくたくさん、なんでこんなものがいるのかと思うようないろいろな生物が生存しています。多様性・個別性こそが生物の特徴と言っていいでしょう。こうした個別性を大切にしながら、どうやって普遍性につながっていくことができるのか、ここが生物学を研究する上でのむずかしいところなのです。

普遍的な生物などというものがいるわけではありません。地球には多様な環境があり、そのおのおのの環境に適応して特殊化した生物が住んでいます。生物はご当地主義なのですね。もし普遍が真理に近くて価値があると考えてしまえば、特殊なものは普遍にくらべて真理から遠く、だから価値が低いということになるわけですが、そう考えては、個々の生物の立つ瀬がなくなってしまいます。生物学においては、普遍と個別とはともに大切であり、緊張関係を保っている必要があるというのが、私の学問をする上での姿勢です。

この普遍と個別の問題は、内村鑑三《かんぞう》も悩んだ問題なのですね。じつは私は学生時代、内村鑑三の弟子筋にあたるD氏の運営する寮に住んでいました。学部、大学院を通して八年もいて、内村の著作はずいぶんと読んだものです。

文明開化の時代、「キリスト教＝西洋＝普遍＝高い価値」と図式化すると、長い日本の歴史を背負ってこうして生きている日本人である私がキリスト教を信じる意味はどこにあるのかと、内村には疑問に思えてきたでしょう。日本人などさっさとやめてしまって西洋人になり切った方が、信仰への近道かもしれません。

いやそうではないんだ。自分の生まれ育った日本に足をしっかり着けているからこそ、普遍という往々にして実体のない概念に踊らされる幽霊になることなく、私は生きていけるんだ、というのが内村の結論でした。普遍であるJesusと個別であるJapan。この二つのJを両方とも大切にするのが内村の姿勢だったのです。こういう内村の姿勢と、彼が札幌農学校で生物学（魚類学）を学んだこととは、どこかでつながっていると私は思っています。

普遍であるイエスと個別である私。普遍である世界と個別である日本。普遍的な言葉と個別の行動。もちろんイエスを単純に普遍などと言ってはいけないのだけれど、その点も含めて、普遍と個別との間の緊張がみなぎっているところが、内村鑑三のとても魅力的なところです。そしてまた、生物学の魅力でもあると私は思っています。

道元の時間

道元の時間――生物学の視点で読む『正法眼蔵』

本日は道元《どうげん》フォーラムの講演会に、かくも大勢、お越しいただきまして有難うございます。来年（平成十四年）は道元禅師が亡くなられて七百五十年、大遠忌《だいおんき》にあたります。

一年ほど前に、大遠忌のイベントとして道元フォーラムをつくるから参加してくれというお話が永平寺さんからありました。えっ、なんで私が道元と関係あるの!?　とびっくりしました。私は生物学者です。曹洞宗の門徒でもありません。

でもじつは道元さんのこと、昔から気にはしていたんです。だからお話があった時、ついに道元さんにつかまっちゃった！　と思いました。

私の父の先生が橋田邦彦。年輩の方はご存じでしょう。戦時中の文部大臣です。もともと医学部の教授だったのですが、一高校長や文部大臣を歴任された方で、教授になってからは専門の生理学の研究より、『正法眼蔵《しょうぼうげんぞう》』の講義や教育行政に力を入れておられたようです。わが家には『正法眼蔵釈意』（橋田が東大でおこなった正法眼蔵についての講義録）がありました。これ、書名すら読めないんですね。それで子供の頃から、『正法眼蔵』や、それを書かれた道元のことが、なんだか非常に気になっていました。

母は曹洞宗でして、毎朝欠かさずお経をあげています。でも、「曹洞宗の御開祖様は?」と聞いても、多分すぐには名前は出てこないでしょう。そういう善男善女なんです。小さい頃、私も母の隣でナムカラタンノートラヤーヤーとやっていました。そういうわけで、道元さんに縁が無いなんて言ったら罰が当たるわけで、永平寺さんからお声がかかった以上、これはもうしようがない、何かしなければいけないなと観念してフォーラムの委員をお引受けしました。

それから一年、道元さんのにわか勉強をしました。学者というのは勉強するんです。本当はそんな事はせずに、黙って坐禅していればいいんでしょうが、そこが学者の因果なところで、やっぱり勉強しました。今日はそのお話をします。『正法眼蔵』を、注釈書片手に私が勝手に解釈した話と、私の専門の動物学をくっつけたお話です。間違っているかもしれません。それに「学解を先とせず」（『学道用心集』）ですから、学者の解釈などお話しするのも気がひけるのですが、科学者が『正法眼蔵』をこんなふうに読んだよとお話しするのも、意味がないわけではない気もするのです。今や私の母みたいな善男善女があまりいなくなりまして、なんでも論理的に、科学的に言わないことには納得しない世の中になってしまいました。『正法眼蔵』だって、ただリズムが良いから舌の上で転がしていれば有り難味が分かるんだとおっしゃる方もたくさんいらっしゃいますが、それでは納得しない嫌な世の中になってしまったんです。そこで、ちょっと今日は屁理屈を言うことにいたします。

沖縄の時間

時間の話をします。生物の時間の話をして、それを道元の時間へとつなげていくつもりです。

さて、「時間」というと、普通に考えれば時計で計るもので、それ以外にはないというふうにみんな思っています。しかし私たち庶民の所に時計があるようになったのは、ごく最近の話なんです。昔はお寺の鐘がゴーンと鳴って、それで時を知らせていました。私の子供の頃だって、時計は貴重品で、家には一つ掛時計がカチカチ言っているだけ。ところが今や百円ショップで時計を売っているし、ビデオでも炊飯器でも、もうどの機械にも時計が入っています。だから一時代前とは、随分と時間の捉え方が違うのかも知れない。私たちがもっている時間観というのは、案外つい最近できた特殊なものかも知れないんですね。

私が「時間」のことを考えるようになったきっかけは沖縄です。若い頃に沖縄の琉球大学に赴任しました。赴任したその日に歓迎会をしてくださる、夕刻七時半からというので店の場所を聞いて行ったのですが、時間になってもどなたも来ない。待っていると、八時頃からぼちぼち人が集まってきて、八時半頃、やっと会が始まりました。さて、いったん始まると、泡盛を飲みながら延々と終わらないんです。

南国の時間はたっぷり流れるなあとびっくりしました。隣の人と雑談をしていたら、なおびっくりすることに、七時半に始まるというのは、七時半頃家を出ることだというんです。時間の考え方がだいぶ違うんですね。

ショックを受けました。でもね、良く考えてみると、みんなが七時半に家を出て、家の近い人が遠い人をちょっと待っていてあげるというのは、非常にフェアな話なんですね。同じだけの時間をその会に使うことになるのですから。

昔は村の寄り合いといっても、家はそう離れてはいないのですから、みんなが同じ頃家を出るのは正しいやり方なのです。現代のように、電車で二時間かけて来る人もピタッと七時半に来なければいけない、いやその十分前には着いているのが礼儀だなどというのは、本当はおかしいのかも知れません。そもそも、二時間かけて来なければいけない大都会なんていうものがおかしい。つい百年前までは、そろそろだね、オー、と言って、みんながぼちぼち集まってくる、それが普通の時間の使い方だったのです。宮本常一《つねいち》のものや藤村の『夜明け前』などを読むと、昔は時間を守るという観念がなかったと書いてあります。

ところが今やサラリーマンが一番守らなければいけないルールは、たぶん時間だと思います。納期は守らなければいけない、手形の決済日は何がなんでも守る必要があります。世の中はすべて締切で動いています。現代は、時間をきっちりしなければ生きていけない時代になっているのですね。でも、それはごく最近の話、黒船以来の話です。それまではもう少し違った時間で暮らしていました。沖縄には古き良き時間の考え方が残っていたのです。

でも、ここまで考えが至ったのは、じつは何年もあとの事。「七時半開始は七時半に家を出ること」と聞いた時には、「とんでもないところへ来ちまったなあ」というのが正直な感想でした。

ナマコの時間

私は海の生物を研究しており、いろいろな大学の臨海実験所（海洋生物の研究所、海辺にある）によくお世話になります。琉球大学のキャンパスは、当時、今、首里城の正殿が復元されている場所にありました。臨海実験所は、そこからずっと北、ヤンバルと呼ばれる地方の少し沖合に瀬底島という小さな島が浮いていて、そこにあるんです。あの衝撃的な歓迎会の翌日、さっそく出かけました。

実験所の前の海岸に出てみると、ちょうど潮が引いていて、ナマコがごろごろ転がっていました。あんまりたくさんいるんで、びっくりするとともに嬉しくなりましたね。

近づいて行ったのですが、ナマコは逃げないんです。指でつつくと、体をちょっと縮めるくらいで、あばれるわけでもない。ほとんど動かないのです。普通、動物というのは近づけば逃げます。食われてしまいますから。だから逃げ足の遅い動物は隠れていますし、そうでなければサンゴや貝のように石の家を作って身を守っています。

ところが、ナマコはのそのそしているのに逃げない。硬い殻もない。それなのに目立つところにゴロゴロいます。それでも食われてしまわないようなのです。だってたくさんいるんですから、食われていないんですね。おかしい。こんなものがゴロゴロいる風景は、動物学的におかしなものなんです。

そもそもナマコはおかしいんです。動物は「動く物」と書いて「動物」。なのにナマコはあまり動かない。動かないのに食われてしまわない。どうしてなんだろう？という疑問からナマコの研究を始め、三十年近くも経ってしまいました。

ナマコの研究をしよう。だったらまずナマコの行動を虚心坦懐に観察するところから始めよう、ということで、一日にどのくらいナマコが動くのか、海の中で丸一日ナマコの動きを見ていました。夜も水中ライトをつけて観察したんです。

私の見ていたシカクナマコは、真っ黒くて体長が十五センチ程度、断面が四角いナマコですが、昼間はゆっくりゆっくり動きながら砂を食べています。夕方になると、近くのサンゴの岩に近づいていって、サンゴの枝の間に隠れてしまいます。夜はずっとその中にいる。朝になって少したつとまた出てきます。一日で十メートルほどしか動きません。

私も律儀にずーっと見ていました。海の中でぽかっと浮いて。浮いていると重力が無くなりますから、なんとなく不思議な感覚になります。それにもまして、動かない動物の動きを見ているというのも、何か変な感じなんです。

私は学生時代に一度、泊まり込みで坐禅をしに行ったことがあります。臨済宗のお寺でしたが、「隻手《せきしゅ》の声を聞け」という公案《こうあん》を貰いました。両手を合わせれば《パン》と音が出る。でも、「片手（隻手）の音を聞け」というんですね。分かりません、と言って帰ってきましたが、動かない動物の動きを見ていたら、これは隻手だなあという気がしてきましたね。

そんなこんなで、ちょっと常識的な考えから遠いところに想いが行っていたからでしょう。急に根元的な疑問が浮かんできたんです。こんな動かないナマコに、僕らと同じ時間が流れているのだろうか？

私たちなんて、寝ている間でも輾転反側《てんてんはんそく》してけっこう動いています。寝返りをよくうっています。寝ているんですから動かなくても良いような気がするのですが、動いてしまうんですね。しかし、ナマコは起きていたってほとんど動かない。これで同じ時間なんだろうか？　私たちのようにセカセカとした生きものと同じ時間がナマコに流れているとは、とても思えないんです。

「時間＝時計」だと言ってしまえば時間はみな同じ。ダイビングウォッチをナマコに巻きつけても、もちろん同じ時刻を指します。でもですね、その同じ時計の一時間が、私たちとナマコで同じ重み・同じ意味を持っているのだろうか？　こんな疑問をもったのも、前日の「七時半開始は七時半に家を出る」ショックの影響も大きかったと思います。時間は文化によっても動物によっても違うのではないかと考え始めたわけです。

ネズミの心臓は早い、ゾウの心臓はゆっくり打つ

こんなわけで、動物の時間とは何だろうか、それについて世の中ではどんなことが言われているのだろうか、と勉強し始めました。ところがこの疑問に答えてくれる文

献が、なかなかみつかりません。「時計生物学」という学問分野はあるにはあるのですが、その本を見ると、概日リズムのことしか書いてありません。概日リズムとは約一日の周期をもったリズムです。バクテリアだって、ゾウリムシだって、ネムノキだって、ショウジョウバエだって、私たちだって、みんな約一日周期のリズムを示します。ヒトの場合、脳にリズムをきざむ時計があり、そこで時計遺伝子が働いています。概日リズムとは結局、すべての生物は、体の中に人工の時計と同じような、二十四時間で一回転する時計がありますよという話です。

地球は二十四時間で一巡りしています。それにともない明るさも、温度も、湿度も変わります。環境に適応するのが生物ですから、環境が二十四時間周期を示すのなら、生物も二十四時間のリズムをもっていて当然です。

しかし、その同じ二十四時間が、生きものそれぞれにとって、同じ重みをもっているのだろうか？　というのが私の抱いた疑問であり、時計生物学はこれには答えてくれませんでした。そして、そういう問いかけは、ほとんどなされてこなかったことが分かってきたのです。

それでもいろいろと調べていくうちに、古い文献なんですが、一九三〇年代に心臓の拍動を計った人がいたと書いてある本にぶつかりました。

私たちの体で、時間が刻々とたっていることを、一番体感できるのは心臓の拍動でしょう。ドッドッドッドッドッと、一分間に六十回〜七十回打っています。一回のドキンは約一秒です。

動物がみんなそうかというと、違います。ハツカネズミは一分間に六百回〜七百回打ちます。一回のドキンが〇・一秒。私たちの十倍も早い。もう少し大きいドブネズミになると、一回のドキンは〇・二秒、ハツカネズミの二倍になります。ネコになると〇・三秒、そして私たちは一秒、ウマでは二秒、クジラだと九秒です。ちょっと時計で計ってみましょうか。ドー・・・・・・ッキン、これで九秒。こんなふうに、一回心臓が打つといっても、ずいぶんと違う。体の大きいものほど一回のドキンの時間が長いのです。

面白いでしょう。ただし、ただ違うとだけ言っても学問にはなりません。そこで、体の大きさを体重で表して、体重と心臓一回のドキンの時間との間にどういう関係があるかをグラフにしてみます。すると、体重と時間の関係が簡単な数式で表せることが分かったのです。すなわち「時間の長さが体重の四分の一乗に比例する」という関係になります。

体重が大きくなればなるほど時間が長くなるのです。ただし正比例ではありません。体重が十倍になると時間が二倍ぐらい長くなるという関係です。(体の大きさを)数値化して数式にまとめる、これが科学の基本的なやり方です。数式にすると便利ですね。こういう関係式が得られると、心臓の拍動数を計らなくても、体重がわかればこの式から一拍の時間がこのくらいだろうということが予測できるようになります。

動物の時間は体重の¼乗に比例する

以上のことが分かったのは一九三〇年代なんですが、六〇年代になって、心臓以外のものではどうだろうかと計ってみる人が出てきました。肺はどうか、と計ってみる。するとこれも体重の四分の一乗に比例していました。ただし比例係数が心臓より約四倍大きい。

つまりこういうことです。私たちでは心臓が二回打つ間に吐いて、また二回打つ間に吸うと、だいたい普通のペースの呼吸になります。ですから、肺の時間は心臓の時間の約四倍かかります。これの関係はネズミでもゾウでも変わりありません。肺の時間も体が大きい動物ほどゆっくりなんですが、そのゆっくりになるなり方が心臓の場合とまったく同じで、体重の四分の一乗に比例しているのです。体重が十倍大きいものは約二倍、時間がかかるという関係になります。

腸がじわっーと蠕動《ぜんどう》する時間を計ってみると、やはり体重の四分の一乗に比例します。食べてから排泄されるまでの時間、心臓から血液が出て一巡してまた心臓に戻ってくる時間、水を飲んでそれが尿として出されるまでの時間なども、皆、だいたい体重の四分の一乗に比例します。もちろん例外もないわけではないし、データにかなりのばらつきもあるのですが、だいたいこの関係になります。

心臓や肺や腸などといった生理的機能の時間だけではなく、一生に関わる長い時間もそうです。今日の話は哺乳類や鳥という、体温の一定の動物（恒温動物）についての成り立つことをお話ししていますが、哺乳類の場合、赤ん坊が母親の胎内にいて生まれてきます。体内にいる時間は、われわれでは十月十日《とつきとおか》。ハツカネズミは二十日（だから二十日鼠）。ゾウの場合は赤ん坊が六百日もお腹の中に入っています。やはり大きいものは長いのですね。この懐胎期間も、ちゃんと体重の四分の一乗に比例します。

大人の大きさに達する時間、性的に成熟する時間など、皆体重の四分の一乗にだいたい比例して、大きいものは長い。

寿命もそうです。大きいものは長生きで、小さいものはすぐに死にます。これもほぼ体重の四分の一乗に比例します。例外が少しはありますが、だいたいそうなっています。

こうみてくると、小さいものでは時間が速い。何でも速くシャカシャカやってすぐに死ぬ。大きいものは何でもゆっくり。そして長生きする。動物の時間というものは体の大きさによって変わり、それぞれの動物が違う時間をもっていると言えそうです。

ただしここに面白い関係があります。時間はすべて体重の四分の一乗に比例しますから、時間を二つ組み合わせて割り算をすると、体重によらない一定値になります。例えば、肺の動きの時間を心臓の動きの時間で割ると、四という答えが出ます。つまり肺が一呼吸するあいだに心臓は四回打つ（これは先ほども言いましたね）。だから心臓を時計みたいに考えると、肺の時間は心臓時計四拍分になります。これはゾウもネズミも私たちもそうです。腸がじわーっと一回蠕動する時間は、心臓時計十一拍分。心臓から血液が出て体を一巡して帰ってくる時間は、心臓時計八十四拍分。

それでは一生の時間はどうかというと、心臓時計約十五億拍分です。心臓が十五億回打つと死ぬ。ゾウも死ぬ、ハツカネズミも死ぬ、みんな死ぬというわけです。一生に心臓が打つ回数はほぼ同じです。

時間が違えば世界が違う

ゾウとハツカネズミは体重が十万倍違います。体重の四分の一乗に比例するとして計算すると、ゾウの方が、時間が十八倍ゆっくりだということになります。

以前テレビの番組で、時間が十八倍違ったらどんなふうに見えるのかという映像を作ってみたことがあります。私がソバを食べているところを撮って、それを十八倍ゆっくりのスローモーションで見る、逆に十八倍早送りで見たらどう見えるか、そういうのをやりました。

早送りだと、ソバはあっという間になくなってしまいます。逆に十八倍のスローモーションにすると、画面はほとんど止まって見えます。その映像を見て、ゾウとネズミとでは、世界がまったく違って見えるだろうなと感じました。これだけ速さが違えば、そういう時間の中でどう生きていくかも（生きていく戦略であれ、価値観であれ、世界観であれ）大きく違ってくるものでしょう。

ゾウはゾウの時間の中で、ゾウ独自の世界を生きている。ハツカネズミはハツカネズミの時間の中で、ハツカネズミの世界を生きている。どちらも同じ地球の上にいるんだけれど、彼らは別々の世界の中で生きているのではないか。おのおのが独自の世界に住んでいると、そういう言い方をしてもいいのではないかと、映像をみて感じました。

時計の時間の落とし穴

時間が体重の四分の一乗に比例するという関係は、ちょっとわかりづらい関係です。体重の三分の一乗に比例するのが体の長さです。〇・三三（⅓）と〇・二五（¼）は近い数字ですから、体の長さと時間の長さが、だいたい比例すると考えられなくもありません。

そう考えると簡単になります。家にネコがいたとします。体長がネコの倍のイヌもいたとする。私の体長がイヌの倍だとすると、イヌの時間は私の時間より倍速い、ネコの時間はイヌの時間よりさらに倍速い、という感じになります。すると、ネコと三十分遊びますと、ネコにしてみれば二時間も弄《もてあそ》ばれたという感覚になるのかも知れません。だから、いくらこちらがネコ可愛がりしてやっても、向こうにしてはいい迷惑だったという話にもなりかねません。

この辺が、違う生きものとお付き合いする時に注意しなければいけないところなのです。時間は万物共通だなんて言っているけれど、結局私たちは、自分の時間を絶対だと思いこんで、それをまわりに押しつけてしまっているだけなのかも知れません。普遍性とは、そういうことなのかも知れないのですよ。

二十一世紀は環境の世紀と言われています。環境にやさしい生き方をしよう、環境にやさしい技術を開発しようとさかんに言われています。私たちにとって一番身近な環境というのは、いろいろな生きものがいてつくり上げている生物圏です。その中に私たちもいる。

ここまでの話から考えると、生物圏という環境をつくっている生物たちは、それぞれが違う時間をもっていると考えていい。ところが環境にやさしい技術を開発しようと言っている技術者が使っているのは時計の時間です。とすれば、技術者がいくらこうやったら環境にやさしい技術になるんだ、と誠意をもって対処したとしても、一番の基本であるタイムベースが間違っているのですから、相手にとってはいい迷惑だったということになりかねないでしょう。しかしこういう説は、今まで誰からも聞いたことがありません。時間というのは時計で計るものであって、これは変わりようがないというのが世の常識なのです。

この常識が、人物を評価する際にも大きく影響していると思います。私がソバを食べているところを、十八倍のスローモーションにした映像を作ったと申しましたが、あの動きののろい画面を見ると、われながら馬鹿に見えるのですね。

そこではたと思ったんです。今の世の中では、時間が遅いのを馬鹿と言い、時間の速いのを利口だ・有能だと評価しているのではないだろうか。大学入試センター試験ではマークシートを黒く塗るのですが、あれは黒丸を塗る早さを計っているのかも知れません。創造性などというものは、時間の速さとは何の関係もないはずです。今の学校教育は、せかせかと締め切りに間に合う人間をつくる教育なのですね。

動物たちそれぞれが、違う速さの時間をもっているように、私たち一人一人も、じつは時間の速さが少しずつ違っているのではないでしょうか。あの人は少しゆっくり、この人は少し速い、こんなふうに見れば素直に違いが理解できるのに、時間はみんな同じだと考えてしまうと、締め切りに間に合わないのは頭が悪いとか根性が足りないなどという評価になります。時間の見方が偏っているから、人間の見方もすごく歪んでしまっているような気がするのですね。すべてを時計の時間で考えるやり方を、ここいらで見直す必要があります。

ニュートンの絶対時間

時計の時間は天体の運行に基づいています。それを物理学的に抽象化して完成させたのが、ニュートンの絶対時間という考えです。これは万物共通の時間が、一定の速度で一直線に流れ去っていくというものです。時間は他のものとは独立で、何が起ころうとも時間の速さは変わりません。

時間は万物共通。ですから、ゾウでもネズミでも私たちでも、星だろうと月だろうと、みんな同じ速さで流れていきます。時間という共通のベルトコンベア上に載せられて、みんなが流れていくという考え方です。

現在の技術を支えているのは、主にニュートンの古典物理学です。建物を建てる時にアインシュタインは何の関係もありません。みんなニュートンでできてしまう。私たちが学校で習って身につけている非常に端正な自然観は、ニュートンの古典物理学にもとづくものです。古典物理学的自然観といいますが、三次元の絶対的な空間と一次元の絶対時間があって、この四次元の中ですべての物を見るものです。これが近代人の自然の見方です。

絶対時間、絶対空間という概念が、ニュートンの『プリンキピア』の中に書いてあるというから読んでみたのですが、びっくりしましたね。本文の中にはないのです。注の所に、ちょろっと書いてあるだけ。うーん、詐欺だなあ、と感じました。

こんな重大な事が、なぜ本文じゃなくて、注の所に書いてあるのか。じつは、ニュートン力学が成り立つためには、時間の方向が一定に決まっている絶対時間という定義をしなくてもいいんです。

ニュートンは過激なクリスチャンでしたから、彼が時間のことを考える時には、キリスト教の神の時間が頭の中にあるのです。神の時間は、この世を神様が作ったときから世の終末まで、一直線に一定の速度で流れていく。神の時間ですから、そこにネズミがいようがゾウがいようが、私たちがいようが何の関係もありません。私たちがどんなにお願いをしても、時間は止まるわけでもない。ダーッと流れていってしまう。そういう絶対的な神の時間というものが彼の頭にあって、それをそのまま力学の中にもってきたのが絶対時間なのです。物理学の中では「神の時間」とは書けないから、ニュートンは絶対時間という呼び方にしたのでしょう。

絶対時間の考え方は、科学的に証明されたものでは、まったくありません。ドグマなのです。これは世俗化されたキリスト教と言っていいものです。そういうものを私たちが無批判に信ずる必要はまったくないのです。

そうは言ってもニュートン力学は使いでがあります。こういう立派なホテルだってニュートン力学を使うと建ってしまいます。今の物質的に豊かな世界は、みなニュートンの物理学に基礎を置いた工学があるからこそ可能になっています。ニュートン力学は絶大な御利益があるのですね。その上、全世界共通、どこでも成り立つ真理ですと言われたら、信じて当然という気になるでしょう。今の日本人は科学を宗教のごとく信じています。その偉大なる御開祖様がニュートンですから、言ってみれば日本人はみな「ニュートン教」の信者なのですね。

ます。

科学は現代人の宗教である

永平寺さんのつくられた「大遠忌事業推進の基本理念」というパンフレットがあります。

最初のところを引用しましょう。

「予断を許さぬ環境問題、激しさを増す人種・民族問題、根深い人権問題、さらに世界の人口激増、高齢化社会の到来、地球資源の涸渇、教育の問題、最近の経済の不況等々、現代の深刻な問題は数え切れないほど噴出している。そして今、人類がバラ色の夢を託したはずの科学・技術を含む現代文明そのもののあり方が根本的に問いなおされようとしている。こうした状況のただなかにあって、われわれは道元禅師七五〇回大遠忌を迎えようとしている。」

そうは言っても、われわれはまだ科学・技術にバラ色の夢をかけているし、自分の生き方・考え方そのものも科学的な発想になっているのだと私は思っています。現代社会はいろいろな問題をかかえており、それらを生みだした原因の一つに科学・技術があったとしても、その問題を解決するのも科学・技術なのだ、科学・技術に期待をかけるのだ、と多くの人が考えています。だからこそ、この厳しい財政状況にあっても、政府は科学・技術に大きな予算をつけているのでしょう。

科学は希望を与え、未来を救い、今の安逸な生活を支えてくれます。エネルギーを湯水のごとく使い廃棄物を山のように出していても、科学にお金を出していれば、いずれ代替エネルギーをわれわれは開発しますから涸渇する心配はありません、二酸化炭素の処理法も発明しますから大丈夫です、安心して今の生活をお続け下さいと科学者は言います。

私は現在のこのようなエネルギー・資源の使い方は、次世代のことを考えれば、自分たちだけで使って後の事を考えない犯罪的な行為だと思っています。科学者の言っていることは空手形になるかもしれないのですから、やすやすと信じるわけにはいかないものでしょう。それでも一たん手にした安逸な生活を手ばなしたいとは、誰も思いません。そこで科学は必ず問題を解決してくれると信じることにして、科学にお布施を出しておけば、浪費生活のうしろめたさを科学が帳消しにしてくれるわけで、これは科学が免罪符を与えていると見なせる事態です。ニュートン教は罪まで救ってくれるのですね。

科学が宗教のように信じられているということを、もう少しお話ししましょうか。中学になると分子という概念を習います。君たちね、目で見ると、いろいろ違った物があるように見えるだろ。でもね、分子という目に見えないものを考えると、すべては同じものとして、統一的にすっきりと理解できるんだよ、と習います。ところで、本日、会場にお見えになっている皆様が習ったときには、まだ、分子は目に見えませんでした。数年前にトンネル電子顕微鏡ができてはじめて、分子が形としてとらえられるようになったのです。それまでは、分子とはそういうものを考えると辻褄が合うよという概念だったのです。

つまりこういうことです。子供たちに、自分の目を信じてはいけません、目に見えないものを信じなさい、と教えるのが科学のやり方なのです。これは怪しい宗教と何ら違わない説教の仕方ではないですか。もちろん中学の生徒に分子の実在を支持するこみ入った議論など理解の外ですから、信じさせるしかないんです。信じなさいと言われて素直に信じる子供たちが理工系に進みます。

オウム真理教事件で、有名大学の理工系学生がなぜたくさん信者になったのか、マスコミは不思議がっていましたが、じつはコロッと信じやすかったからこそ理工系に行ったのですね。

科学はいい加減だから成り立つ

科学の怪しさを、もうちょっと続けましょう。

ニュートンはリンゴが落ちるのを見て万有引力を思いついたことになっています。ニュートンの偉大さは、リンゴが落ちるのと、月が地球の周りを回るのとは同じだと言ったことなのです。リンゴも月も質的には同じ物で、違いは質量という量だけが違う。そう考えると、リンゴの落下と月の運行とは、同じ運動方程式で記載できるのです。これは偉大な発見です。

月とリンゴを同じだと見なす、これがニュートンのやったことです。もちろんスッポンだって落とせば落ちますね。だから月とスッポンは同じだとニュートンは言ったことになります。でも、月とスッポンは違うものの代表例でしょう。それを同じだと言うのですから、これは詐欺。

科学とは、常識人の見方と、これほどまでにかけ離れたものなのです。そういうものに、私たちの心や考え方を委ねてしまっていいものなのでしょうか。

何でも単純化して数字にして、それを数式で処理してしまおうというのが物理学です。見かけ上は、みんな違うように見えるかも知れないけれど、そういう見かけにごまかされてはいけませんよ、皆、質的に同じで量だけが違う、そう考えれば世の中はすっきり理解できますよと、そう主張するのが物理学です。

これは一種の詐欺です。厳密に言えば、みんな質的に違うのです。その厳密な区別を全部ぬぐい去って、いい加減に同じだとみなしてしまう。いい加減さの上に成り立っているのが数学や物理学です。ポアンカレ（数学者）は、数学とは異なるものを同じものとみなす技術だと言っています。

世間では科学を厳密なものだと思っています。学校でそんなふうに教わりますが、じつは違うんです。いい加減さの上に立脚しているからこそ、そこから先、議論を進める方法は数式や論理を使って厳密にやるのが科学なのです。厳密な方法の部分ばかり学校で教えるのですね。これはいけません。

さてでは、その数式というものがはたしてそれほど厳密かということも問題にしなければなりません。１＋１はどこに行っても2になります、世界のどこにいても成り立つのが本当の真理なのだと言われると、なんとなく数学・物理学が一番信ずるに足るものだというふうに思われてきます。でも、１＋１がいつでも2になるのでしょうか？

うちの娘は算数の落ちこぼれです。小学生の時「二キロメートル歩くのに三十分かかります。四キロ歩くのには何分かかるでしょうか」という問題に、「そんなに歩いたら疲れちゃう」。こう考えてしまうから落ちこぼれるんです。30分×２で答えが出るのですが、たしかに子供の足では一時間以上かかってしまうでしょう。

現実の世界では、いつもいつも１＋１＝2や１×２＝2となるわけではないのですね。１×10＝11などというのは、よくある話です。十個買うから一個おまけね！

コンピュータだって一万台作れば、値段は一台だけ作る時の百分の一になるのかも知れません。１×１０００＝１００。けれども、算数はいつでもどこでも正解は同じ、だから信ずるに足るものだと、みんな何となく信じ込んでしまっています。それは本当かと、健全な懐疑を抱くべきです。

不立数字

私は反科学になれと言っているわけではありません。数字も科学も使いでのある道具です。使い方・つき合い方を問題にしたいのです。本日の話も、体の大きさを体重という数字にして、数式を作って初めて分かったものです。式が立ったから、式と式を組み合わせて、一生に心臓が十五億回打つことが予測されたのです。ゾウの心臓の打つ回数を死ぬまで計ることなど、できはしません。

数式は偉大な力を発揮します。ただしこの十五億という数字は、きわめてアバウトなものです。だいたい十億の桁の数字だよという、いいかげんな目安です。動物の寿命はかなりばらつきがありますから、寿命の式は研究者によってさまざまなものが提出されています。心臓の時間と体重との関係式も、いろいろあります。だから、ある式を使うと一生に十五億回、別の式だと二十億回という結果になります。私も、十五億と書いたり、別の本では二十億と書いたりして、なんといいかげんな、十五億と二十億とでは大いに違うではないかと、お叱りを受けているのですが、生物を対象とすると、大いにばらつくものなのです。だいたいこの程度と、鷹揚にかまえて下さい。

ピタッと十五億回目に心臓が止まるわけではありません。

世の中に数字があふれていて、今や、何でも数字をあげて言わなければ他人を説得できない社会になってしまいました。そういう事態だからこそ、私たちは数字とのつき合い方を知らねばならないのです。大事なのは桁ですね。桁はずれでないかどうかは厳しくチェックする必要がありますが、細かい数字にはとらわれない方が、大局をおさえて大きな間違いはせずに肩の力を抜いて生きていける気がします。

禅では「不立文字《ふりゅうもんじ》」と言いますね。「不立文字」における文字とのつき合い方と、似たものだと考えればいいと思います。言葉（文字）がなければ考えることもできないけれど、言葉にガチガチにとらわれてしまってはいけないというのが不立文字でしょう。数字は言葉より、より曖昧さのないものです。だからもっととらわれやすいのですね。数値化すると、ぼんやりとしていたものが、はっきりと考えやすくなります。でも、この数字というものは平均値だったり、大まかな仮定をおいて導きだされたりしたものですから、参考までの目安と思った方がいい。

これだけ数字にあふれた現代においては「不立数字」。ちゃんと計算して数字は出す。そうやって数は立てるけれども、それにすっかりはとらわれないという数字とのつき合い方をすべきだと思います。

ニュートン教では救われない

科学的に人間を処理すると、誰でもかれでも質的には同じで、量で判断できますとなって、偏差値になります。数量化して生徒を物差しの上に並べて、ここからこっちはこの大学、なんて事をやる。物理学的なものの見方で人間の価値を決めているのです。

科学的な思考法は、私たちの心のすみずみにまでしみ込んでいます。学歴が高い方が・収入が高い方が・背が高い方がと、すべてを数量化する。恋愛も物理学に堕してしまっています。そんなつまらない恋愛はできやしないから、結婚しなくなり、子供も産まない。国は滅びますね。

今や、世は物理学。その最たるものが「お金」です。それぞれの物は、それぞれに質が異なりかけがえのないものです。かけがえがなければ、交換がきかない。そこで、物は皆、質的には同じで量だけが違いますよと言って値札を貼る。そうすると貨幣経済が成立します。今は、万事お金の世の中、ということは、万事物理学の世の中なのです。

質的にみな同じだということは、物事を計る尺度が一つ、つまり価値観が一つということです。質が同じだという考えの下で豊かさとは何かと問えば、量の多さしかありません。だからどんどん量を増やそうとする。行きつく先はバブルです。バブルの本当の責任者は物理学、ニュートン教なのですね。

より豊かにといって、より量を多くするには、地球の資源を食いつぶすしかありません。もちろん廃棄物もたくさん出ます。こんな事をずっと続けられるはずはないんです。でも、右肩上がりにしなければいけないと、企業も政府もやっきになっているのが現状でしょう。

ずっと右肩上がりなんて続くはずはありません。だからこれから、物は少なくなっていく、収入は減る、二十一世紀はどんどん惨めになっていくしかなく、それが地球のためにもいいのだとすると、どうにも元気が出てきませんね。未来は暗い。でも清貧の生活に甘んじろと言っても、とても受け入れられないでしょう。ここが現代社会の抱えた大いなる矛盾です。

矛盾を解決するには豊かさの定義を変えればいいのですね。右肩上がりじゃなくなると惨めだと感じるのは、量の多さでしか豊かさを感じられないからです。量は少なくても、いろいろな質（つまり、いろいろなものの見方、いろいろな価値観）を自分の中に、また社会の中に持っていることが豊かなのだ、という見方になれば、少しくらい量が減っても、豊かだと感じられる社会ができると私は思います。

この頃は宗教界でも、「何とかの科学」などと言い始めてしまっています。現代人は宗教においても科学的じゃないと信じられないのです。これは宗教界にとってゆゆしき問題でしょう。人間は一人ひとり皆違う顔つきをして、質的に違う。だからかけがえがない。かけがえのない一人である私が救われるかどうかが宗教上の大問題で、これは科学的発想とは、まったく逆のものです。質や違いを無視するニュートン教によって、個人は救われないのですね。

時間の重層性

長々と脱線しましたが、こうしたのも、科学的（物理的）な時間というものと、ここで私が話している動物の時間とは、ものの見方が違うものだということを、分かりやすくしたかったからです。

さて、科学の基礎になっているのは絶対時間です。科学の論文を読んでみると、グラフの横軸はたいてい時間。因果関係というものも、必ず時間の軸に沿って考えるものです。

時間がまっすぐ同じ速度で流れていく。ここである事が起こって、次に別の事が起こった。それらは、いつも同じ順番で起こるから因果関係があると考えるのが科学です。じつはここは科学論では大変難しいところで、いつも同じ順番で起こるからといって、それが原因、結果になる保証は全くないのですが、時間の流れに絶対的な信頼を置き、因果関係を考えて論理を立てるのが科学の常法です。科学は真っ直ぐ同じ速度で万物が進んで行くという時間に絶大な信頼を置いています。時間は不変で普遍、万物に共通というのが科学（物理学）の時間です。

物理の世界ではそうかも知れません。しかし、生きものの世界を考えると、ゾウにはゾウの時間がある、ネズミにはネズミの時間があると主張したいのです。ただし物理の時間が間違っていると言うのではありません。時間にもいろいろあると言いたいのです。

譬え話をしましょう。ここにリンゴの木があります。その枝からリンゴを落とすとします。ネズミも落とす、ゾウも落とす。同時に落とせば皆、同時に下に着くでしょう。だからそこにはニュートンの時間が流れています。ただしこれは、ゾウだとかネズミだとかリンゴだとか、そういう違いを全部拭い去ってしまい、すべてが「落体」だという見方をすれば、みんな同じに落ちるということです。質の違いを全く考えない見方です。けれども、ネズミだとかゾウだとかの違いに目をやれば、ネズミは落ちている間に、落ちる、落ちる、どこに着地しようかな、なんてことを考えているかも知れないし、ゾウは「アレ？」と思う間もなくズドーンと落ちておしまい、という話になるのかも知れません。ゾウとネズミという個々の質の違いに目をやれば、やはりそこにはゾウの時間やネズミの時間が流れているのだと思います。

物理の時間はすべてに流れていますが、その上に、それぞれに違った生きている時間がある。時間には多重性があるのだと思うのです。そういう時間の多様性や重層性を認めないで、みんな同じだとして一つの見方で通してしまえば、すっきりとはしますが、世界は非常につまらなく、貧しくなってしまいます。いろいろな見方をすると面白いし、いろいろあるというところに豊かさを感じるべきだと思うのですね。

　そして何よりも、科学が価値を置く共通性・普遍性・単純性に価値を置いてしまえば、私たち一人ひとりが違った顔つきをしており、一人ひとりが違った時間を生き、違った生を生きている意味がどこにも見出せません。科学的でなければ信ずるに足らないからと言って物理学ですべてを考えてしまったら、私たちはみんな同じということになります。これでは、個人として立つ瀬がありません。

　いつでもどこでも、条件さえ同じなら常に同じ結果になることのみが、科学的に意味のあるものなのだと正統的な科学は主張します。とすると、今のこの私のかけがえのない時を、繰り返しのきかないこの時を、特別に大切なものとする根拠を失ってしまいます。ニュートン教を信じるだけでは、今のこの時を生き切ることはできませんし、世界にたった一人の私という個人は救われません。個別のもの、一回きりのもの、歴史を背負ったものを正しく評価することは、科学にはできないのです。

一生の間に食べる量は同じ

時間は動物によって違い、体重の四分の一乗に比例してゆっくりになります。何故そうなるのかは、今のところ誰も正解を知りません。こういうことを考える人は、世の中にほとんどいなかったからでしょう。科学は西洋生まれのもので、西洋人は、時間というものは神様のものだと頭から信じていますから、これに疑問をもたないのです。

じつはエネルギーについて考えると面白いことが分かってきます。私が考えている、エネルギーと時間に関する仮説を、これからお話ししましょう。

私たちは三食、ご飯を食べます。食べ物からエネルギーを得るためです。食べ物を酸素を使って「燃やして」エネルギーを得ます。エネルギーがなければ生きものはたちまち死んでしまいます。私たちの体のように秩序だった構造物は、放っておけばどんどん壊れて解体し、無秩序なものになっていきます（これが熱力学の第二法則です）。だから絶えずエネルギーを注ぎ込んでいないと、体を保っておけません。食べなければならないし、酸素を吸わなければいけないのです。酸素がなければたちまち死にますね。食物の備蓄はある程度体にはあるのですが、酸素の蓄えがないからです。

動物にとって、エネルギーの供給は大変重要です。どのくらいエネルギーの供給をしなければいけないか（つまりどのくらいの量を食べなければいけないのか）を調べてみますと、興味深いことが分かります。

体の大きい動物ほど食べる量が多いのは当然でしょう。エネルギーは生きている肉体が使います。体重が二倍なら、肉の量が二倍ありますから、当然二倍エネルギーを使うだろう、そして二倍飯を食うだろうと、素直に考えればそうなります。つまり体重に比例してエネルギーを使う。だから体重当たりにしたらどの動物も同じだけエネルギーを使うと予測できます。

ところが実際に調べてみると、そうはなりません。体の大きいものほど、体の割にはエネルギーを使いません。小食なのです。逆に小さいものほど、体の割には飯をたくさん食べます。「痩せの大食い」。

エネルギー消費量（体重当たり）と体重の関係を調べてみると、エネルギー消費量は、体重の四分の一乗に反比例して減っていくことが分かりました。面白いことに、ここでまた「体重の四分の一乗」という関係が出てきます。

時間は体重の四分の一乗に正比例して長くなっていくのに対し、エネルギー消費量は体重の四分の一乗に反比例して減っていく。つまり時間とエネルギー消費量は、ちょうど反比例の関係になるのです。

反比例ですから時間とエネルギー消費量をかけ算してやると、体重の項が消えてしまい、体重によらない一定値になります。どういう事かというと、たとえば心臓が一回ドキンと打つ時間を例にとると、一回打つ間に、ゾウもネズミも私たちも、同じ量のエネルギー（二ジュール）を使うのです（ジュールはエネルギーの単位）。二ジュールをハツカネズミは〇・一秒の「ドッ」の間に使ってしまうし、ゾウは「ドーッキン」と三秒かかって使う。長短はあるのですが、どちらも心臓時計一拍分の間に使うエネルギー量は同じなのです。

心臓は一生の間に十五億回打ちましたね。だから一生の間に使うエネルギーは2×15億回＝30億ジュール。一生という時間で使うエネルギー量も（体重当たりにすると）三十億ジュールで、みな同じになります。そして一生に食べる量もみな同じです。

これは食分《じきぶん》や命分《みょうぶん》という言葉を思い出させますね。『正法眼蔵随聞記』（第六）に「人人皆食分あり、命分あり。非分の食命を求むるとも得べからず」とあります。一生に食べる分（食分）は決まっている。一生の長さ（命分）も決まっているから、じたばたしてもはじまらない（だから、先のことをよくよ考えずに、今をきちんと生きようではないか）ということでしょう。

時間の質

エネルギー消費量というのは、物理学的に言えば仕事量ですから、結局一生の間にする仕事量は同じ。それをゾウは七十年かけてゆっくりやる、ハツカネズミは二年くらいで全部パッとやってしまう。

話は非常に簡単なんです。哺乳類という同じ機械がある。これは一回転させるのに二ジュールのエネルギーを使い、十五億回回転すると壊れるようにできている。そういう機械だから、速く動かせば早く壊れてしまうし、ゆっくり動かせば長持ちする。だけど一生の間に同じだけのエネルギーを使って、同じだけの仕事をする。とすると、ゾウのように長生きしてもネズミみたいに短命でも、死ぬときには、ほとんど同じくらい生きたという感じを持って死ぬのかも知れないのです。

このように考えると、時間はただ長ければいいという話ではなくなりますね。ハツカネズミは二年ぐらいでワーッとみんなやってしまうわけですから、時間の密度がすごく濃い。逆にゾウなんて密度が低いスカンスカンの時間。時間にも質の違いがあることになります。一方、時計の時間（絶対時間）には質の違いはありません。動物の時間は、それぞれの動物によって質が違い、それぞれの時間の中でそれにふさわしい生き方をしているのが動物なのです。

動物の時間に質の違いがあるとすれば、その動物のことを理解するには、その動物の時間で考えなければいけないでしょう。こっちはヒトという動物の時間で生きていて、ナマコの時間で生きているわけじゃないですから、これはなかなか難しい話なんですが、そこまで配慮していろいろな生きものとお付き合いしていって、初めていろいろな動物の世界が見えてくるのですね。そうなると、世界が重層的に見えてきて、とても面白いんです。

老いの時間は違うもの

ここから、ヒトという動物の時間、とくに若者と老人とでは時間が違うという話題に移ります。時間の質が違うのだから、若い時にはその時間にふさわしく、老いた時には、またそれにふさわしい別の生き方と、その時、その時の時間を生き切るべきだというのが、この話の結論です。

一生の間に心臓が十五億回打つと申し上げましたが、じつは人間の場合、十五億回打っても四十歳ほど。今の寿命の半分です。でもこれは見当はずれの数字ではないのですね。長い人類の歴史を通して、寿命はずっとそのくらいだったのです。戦前だって平均寿命は五十歳です。

老眼、白髪、閉経。老いの兆候は、みな四十代から現れます。そして老いた動物は、自然界にはいないのが原則です。ちょっとでも衰えると、たちまち野獣や病原菌に食われてしまいますから。五十歳以降の老いの時間というものは、本来存在しないものであり、医療技術等により、人為的につくられたものなのです。だから言ってみればこれは「おまけの人生」。そういう意味でも、現在、ほとんどの人が享受できるようになった長い老いの時間は、若い時の時間とはまったく違う異質なものです。

もちろん、老いの時間は体にガタがきた、生物学的にみれば問題の多いものです。さらにこれから述べますように、時間の早さも違います。だからこそ、老いの時間は、若いときと違う生き方をすべきだと私は考えたいのです。

さて、動物の時間においては、エネルギー消費量と時間が反比例するということを先ほど述べました。これは別の言い方をすると、時間の速度がエネルギー消費量に比例するということです。エネルギーを使えば使うほど時間がビューッと速く進むのです。

このことは体の大きさの違う動物を比較して分かったのですが、これは私たちの一生の時間にも当てはまると思うのです。子供は（体重当たりにすると）ものすごくたくさんエネルギーを使います。エネルギー消費量は二十歳ぐらいまでに、急激に下がっていき、二十歳を過ぎると、ここからはじょじょにですが、エネルギー消費量が少なくなっていきます。エネルギーを使うものほど時間の進む速度が大きいという事実から考えると、子供の時間はすごく速い、大人の時間はゆっくりで、老人の時間はもっとゆっくりということになりますね。時間の速度は人の一生の間にも変わっていくものだと思います。

年齢とともに時間が変わることは皆が感じることです。年をとると時間は早くたつと感じますね。貝原益軒も「老後は、わかき時より月日の早き事、十ばい」(『養生訓』)と言っています。ところがエネルギーに基づく私の説では、年をとると時間がゆっくりになります。話はまったく逆です。

これは、こんなふうに考えれば辻褄あわせができると思います。

老いの時間というのは、エネルギーをあまり使わないから、時計の一時間の間に、あまり何にもしていないでスカーンと経つ。子供はその一時間でエネルギーをたくさん使っていっぱいいろんなことをやるから、後で振り返ってみると、ぎっしりと詰まっていて、子供は時間を長く感じる。老人の方はスカーンとしていて何にも残らず短く感じてしまう。こんなふうに解釈すれば、実際の速度と、あとから振り返った時の感覚との違いが理解できると思います。(時間は、その中にいるときと、後から振り返るときとでは、感覚が逆転すると私は思っています。つまらない会議は、その時は長く感じるが後から思い起こすと内容がなくて短いし、夢中になっていると時は早く経つが、後から思うと充実して長かったと感じるものです。)

子供はよく寝ますね。老人になると睡眠時間は減ります。じつは、ハツカネズミは十三時間も眠るし、ゾウは三〜四時間しか眠りません。エネルギーをたくさん使って時間が速いものほど、よく眠るのです。いっぱいやって疲れる分、長く眠るのかもしれません。いっぱいやって得たことを睡眠中に整理しているのかもしれません。いずれにしても子供はネズミ的、老人はゾウ的になるわけで、ゾウとネズミと同様な時間の違いが、老人と子供にも見られるのですね。

今の世の中は量の世の中だと、先ほど申しました。何でも数値にして表します。そういう世の中では数の読み方、つまり量を質に読み替える知恵をもたねばなりません。量が大きく異なれば、それは質が違っているのだと考えるのです。時間についても、時間の速度（つまり量）がある程度以上変わったら、質が変わると考える。だから若者の時間と老人の時間とは、質が違うと考えるべきだと思うのです。

生きものはエネルギーを使って時間を生み出す

冬眠する動物は、同じ体の大きさで冬眠しないものと比べると長生きです。冬眠中はエネルギーを使っていませんから、多分その間、時間が止まっていて、その分、長生きになるのでしょう。

エネルギーを使って時間を速くすれば、体は早く壊れる。しかし使わないで温存すると長生きにはなりますが、じつはその間の時間はなかったことになるわけで、冬眠して長生きしたからと言って、そっちが得というわけでもないでしょう。厳しい冬の時間を無いものにしてしまうのが冬眠の知恵です。長生きのためではありません。

植物も時間の使い分けの名人です。冬には枯れてしまい、種で冬を越すたくさんの植物がいます。種はエネルギーをほとんど使いません。だから時はほとんど止まっています。春になると芽を出し、エネルギーをどんどん使って成長していきます。時間がまた流れはじめます。

このように植物は種の状態で良い環境になるまで待ち、その時が来たら一気に成長して花を咲かせます。砂漠の花など、まさにそうですね。雨が降ると今までまったく何もなかったところに花が一時に咲き匂います。砂の中で種が何年も雨を待っていたのです。

エネルギーを使っていない種の時間は止まっています。エネルギーを使って仕事をすると時間が流れます。では種のままでいればいいかというと、一粒の種は死ななかったら、それはもうおしまいです。種は死んで、花開いて次世代をつくる仕事をしてこそ、次の時間が流れるわけです。生命の時間とは、そういうものだろうと思います。

昆虫は、卵、幼虫、蛹《さなぎ》、成虫と、変態しながら大きくなります。それぞれの時期でエネルギー消費量が違いますから、時期ごとに違う時間が流れているのではないでしょうか。

冬眠する動物や、種の形で休眠する植物、昆虫などは、一生の時間を使い分けているのだと思います。彼らは時間を操作しているのですね。

生物においてはエネルギーを使うと時間が流れます。もう一歩踏み込んだ言い方をすれば、生物はエネルギーを使って時間を生み出しているのではないでしょうか。生きているとは、エネルギーを使って独自の時間を生み出していることだと私は理解しています。エネルギーをたくさん注ぎ込めば速い時間をつくり出せる、エネルギーを少なくすればゆるやかな時間が生まれます。

イメージとしてはこうなるでしょう。生物はおのおの、時間のベルトコンベアを、エネルギーを使って自分で回している。ネズミは速く回す、ゾウはゆっくり回す。冬眠中のヤマネはほとんど回さない。おのおのがその時その時に、積極的に回して独自の時間を生み出しているイメージです。これに対して絶対時間とは、すべてのものが同じベルトコンベアに載せられて運ばれて行く受動的なのっぺりとしたイメージです。

ネズミは時なり──道元の時間論

長々とゾウの時間・ネズミの時間の話をしてきたのですが、ここから道元さんの時間論に入っていきたいと思います。

じつは道元さんもネズミの時間を論じているのですね。「ねずみも時なり、とらも時なり」「松も時なり、竹も時なり」（『正法眼蔵』有時《うじ》）と書いています。ネズミは時間だ、竹も時間だ、と言うのですから、⁇となってしまいます。

この「有時」の巻は道元が時間論を展開しているもので、有とは存在、時は時間ですから「存在と時間」とも訳せるタイトルです。（以後出典の記してない引用は有時の巻のもの。）

なぜネズミが時間と言えるのか？　こんな解釈をしてみました。私たちはネズミの絵を見て、これはネズミだと言いますね。でもこれはおかしな話です。存在というものは、形だけではなく時間をともなったものです。紙という二次元の空間に描かれた時間抜きの形がネズミであるはずはありません。でもまあ、私たちはネズミだと分かります。

これは、ヒトという動物が視覚にたよる生きものだからです。私たちは目や耳や鼻という感覚器で外界を認識していますが、感覚情報として入ってくるもののうち、七割～八割が目からのものだと言われています。

私たちは目が発達しているから、ネズミの絵を見て、これはネズミだと言えるのですが、もし時間の感覚器が発達した動物だったら、ネズミの時間を「見た」だけで、これはネズミだと分かるのではないでしょうか。

ネズミは速い、ネズミ独特の時間で生きています。ネズミ印の時間です。それがネズミを特徴づけるものなら、ねずみも時なり、と言ってかまわないのではないかと思います。

ネズミにはネズミ印の時間が流れている。竹には竹印の時間が流れている。そして私には私印の時間が流れている。そういう、他のものと交換のきかないかけがえのないものが時間だと、道元さんは考えているような気がするのです。

ネズミの時間が「見えたら」とさっき申しましたが、ヒトが時間の感覚器官をもっていないのは、不思議な気がします。現代人は時間を非常に大切にし、時間を守ることがビジネスマン倫理の筆頭になるくらい時間は大きな意味をもっています。それほど大切なものならば、人類五百万年の進化の過程で、時間の感覚器が進化してきてもよかったように思えます。今や私たちのまわりは時計だらけですけれど、そこまでしなければ時間が分からない、時間が守れないということは、ヒトは本来、時間などそんなに気にしない生きものだという証拠なのかもしれません。そうだとしたら、今の生活は体のつくりとは、まったく違っているわけで、とても住みにくい世の中なのですね。

仮に時間の感覚器があったとしたらということまでの議論は、時間と空間とをまったく別のものとして二つに分けて考えた上での議論でした。でもこういう考え方は、ニュートンの物理学にすっかり毒されたものなのかもしれません。

時間と空間を分けて考えられるというのがキリスト教の考え方であり、また古典物理学の考え方です。しかし私が生きているという事、存在としてあるという事は、決して時間と空間をポンと切り離せて、時間が空間とはまったく独立していて無関係というようなものではないと思います。

これはある哲学者のエッセイに書いてあったことですが、西洋の哲学には、どうもまともな時間論が無いらしいのです。時間は神様のものであって、われわれが考えてもはじまらないということで、深い考察の対象になってこなかったらしいのです。

そう言われると納得がいくのですね。デカルトは、存在は「延長」だと言います。延長とは、物が三次元空間をどう占めるかということですから、空間としてしか存在をとらえていないわけです。へんだなあ、存在って時間抜きには考えられないんじゃないのかなあと、学生時代、ここのところでデカルトにつまずいてしまった記憶があります。

西洋では時間は神のものだとすると、私たちも物すべても、空間にしか独自性はないことになりますね。だから存在を延長という空間としてとらえれば済んでしまうのでしょう。空間を独自の占め方をしている存在物が、時間という神の（共通の）ベルトコンベアに載せられて流れていく。だから空間しか自分印のものはない。時間は自分印ではないのです。

これに対して道元さんは、存在を時空一体として考えますから、存在は時間だと言ってもまったく問題はないのですね。

道元は今を大切にする

私が道元の時間に興味をもつのは、時間を物理的にではなく生物的に捉えていると思うからです。道元ははっきりと書きます。時間とはまっすぐ飛び去って行ってしまうものだとだけ考えてはいけないと（「時は飛去《ひこ》するとのみ解会《げえ》すべからず」）。つまり流れ去って行くベルトコンベアのようなものだなどと考えてはいけないと言うのです。

物理学の時間は、過去から未来に等速度で流れていく無限の長さをもつベルトコンベアのようなものですが、その上に載せられている私たちの意識では、時間は未来から過去へと流れ去るものとして捉えられるでしょう。時間をそのようなものとみなしますと、現在とは未来が過去に変わる一瞬でしかありません。数学で言う点のようなもので、長さも面積ももたない、だから実在するかどうかも定かでないものが現在です。現在だと思った瞬間には、もう過去になってしまっています。だから物理学にはまともな現在は存在しないのですね。

時間が飛び去るものだとすれば、現在は無いようなものですから、長い未来と長い過去はあるけれども、過去と未来との間のつなぎは無く、時間に隙間ができてしまうでしょう。「時も亦飛去に一任せば、間隙《けんぎゃく》ありぬべし」（時が飛び去るとだけ考えてしまったら隙間ができるだろう）と道元が言うのは、こういうことを彼が考えているからだと思います。

物理の時間では現在が無きに等しいのですが、生物の場合は現在を大切にします。物理とは逆に、現在しかないということもできます。私が先程述べた、エネルギーを使うと生物の時間が流れる（生み出される）という考えは、生きている時間を特別のものとして捉え、それだけが意味のある時間だとみなします。言い換えれば、生きている時間（今生きている時間、つまりは現在）しか生物にはないとする考え方です。これは、おや？　と思われるかもしれませんね。でも生物のことを考えれば、当然と言えば当然の話なのです。過去は記憶であり未来は期待です。どちらも人間の脳味噌が紡ぎだしたものです。他の生物にそのような観念はないと考えてもよいでしょうから、生物の時間には現在しか存在しないことになります。

道元は今を中心にして時間を考えます。「令我念過去未来現在、いく千万なりとも今時なり、而今なり。人人の分上は、かならず、今時なり」（たとい人が、いくたび過去を思い、未来をおもい、現在をおもおうとも、すべていまであり、今時である。人それぞれの分限はかならずいまである）とあります（『正法眼蔵』大悟、増谷文雄訳）。有時の巻では「有時の而今《にこん》」（存在する時である今）というキーワードが出てきますが、「有時の而今とは、一切尽時全く別時無し」（過去も未来もすべて尽くしている今の他に別の時間はない）と昔の注解書にありました。

物理の時間は無限のベルトコンベアであり、今は一瞬でしかないのですが、それに対し、生物の時間は今しかなく、その今とは、ある長さをもったベルトコンベアであり、それを各生物が回して今という時を作り出しています。このような時間が生物にとって意味のある時間であり、このような時間こそが各生物の存在そのものでしょう。現在とは観念的な一瞬ではありません。今の行為が持続している或る長さをもった実在のものとして現在は捉えられるものです。

道元も「行持現成《ぎょうじげんじょう》するをいまといふ」（『正法眼蔵』行持上）と言っています。持続する宗教行為が行持であり、それが実現しているのが今なのです。だから当然、持続する時間の長さがあり、そしてそれは、行動として現れたもの（私の言い方なら、エネルギーを使って何かしているもの）です。

このように現在というものも或る幅をもったものですから、今という時間にも前後があります。ただし無限に先や後があるのではなく、前後は断ち切れています。「薪は薪の法位に住して、さきありのちあり。前後ありといへども、前後際断せり」（現在たきぎとして存在している時間には前後があるけれども、さらに前の時間やその後の時間とは断絶しているのがたきぎの時間だ）と道元は言います（191ページ参照）。

尽力経歴

生物の場合、エネルギーを使うと時間が流れる・時間が生まれ出るという関係があるのですが、まさにこのことを道元が言っているのですね。それが「尽力経歴《じんりききょうりゃく》」です。力を尽くすと時が経《へ》巡る。力を尽くすとはエネルギーを使うことですから、エネルギーを使えば時間が流れるというのが、この尽力経歴です。「わがいま尽力経歴にあらざれば、一法一物も現成することなし」（自分がいま力を尽くしてやらなければ、何物もそこには存在してこない。）

『正法眼蔵』のこの部分を読んで、あ、僕とおんなじこと言っている！　と嬉しくなりました。生きいきとした時間を考えれば、どうしてもこうなるのですよ。生命の時間とは、働くものなのです。

ここまでくると「ねずみも時なり、竹も時なり」は納得できると思います。生物はエネルギーを使って時間をつくり出しており、エネルギーを使わず時間を生み出さなくなれば、それが死です。そう考えると、生きているとは生きている時間そのものであり、つまり生物は時間だとも見ることができるでしょう。そしてエネルギーの使い方で時間も異なり、それは生物によってさまざまです。だからネズミがつくり出す時間はネズミ独自の時間であり、ネズミとはネズミの時間なのだと言えましょう。トラも竹も、それぞれが時間だ、そして私も時間なのです。

生きていないものにも時間が流れています。太陽や地球の内部エネルギーによって、多くのものは変化します。これらには、それぞれ、生きものとはまったく別の時間が流れています。エネルギーを使っていないものには熱力学の第二法則に従う時間が流れています。ですから、すべて存在するものにはそれぞれの時間が流れており、「有草有象ともに時なり」（存在する生きものも存在する現象もすべて時間である）とみなすことになります。

以上の議論は、エネルギーを介して時間と存在とを結びつけようとするやり方です。尽力経歴ですから、この考えを道元の「ねずみも時なり」にあてはめるのは、それほどこじつけではないと思っています。そうなのですが、ここのところを、より道元に即して言い直しておきましょう。道元は、時間という独立のものが万物の外側を流れているわけではなく、時間は必ず私やネズミや竹や山や三頭八臂《ぴ》（頭が三つ腕が八本の不動明王）という個別の形をとって立ち現れると考えます。だから存在とはすべて時間であり、「ねずみも時なり、竹も時なり」なのです。

道元の時間論である『正法眼蔵』有時の巻のタイトルに使われている「有時」とは、「存在（有）と時間」という意味、つまり存在と時間とを別々のものとして捉える立場に立ったものではありません。有時とは実在物として立ち現れている時間を意味しています。「いはゆる有事は、時すでにこれ有なり、有はみな時なり」。存在即時間なのです。

人間の時間・悟りの時間

先ほど時間は重層的なものだと申しました。万物共通の時間（物理的時間）の上に、生物特有の時間（生物的時間）がのっています。そして人間が関わってくると、その上にさらに人間特有の時間（心理的時間）がのってくることになります。道元が論じているのは人間特有の時間、とくに悟った人間の時間についてなのですが、悟った人間も生物ですので、生物としての時間もきっちりと踏まえて道元は時間論を展開しているのではないかというのが、ここまでの話です。

さて、道元の論じている悟った人間に特徴的な時間に関しては、もちろん悟った人にしか本当のところは理解できないものでしょう。でも、あえてそこにも少しだけ踏み込んでいくことにします。間違っている可能性が大いにあり心配なのですが、私なりの解釈を述べさせて下さい。

すべてのものは独自の時間をもち、独自のあり方をしています。それを道元はおのおのが独自の「法位に住し」ていると言います。法とはこの場合存在のことです。違う法位に住しているとは、存在として違っており、違う時間のベルトコンベアを回していると、ここでは理解します。

モンシロチョウを例にとって考えてみましょう。蝶は卵、幼虫、蛹、成虫と変態し、それぞれの時期のエネルギー消費量は大きく違い、生活のしかたも全く違いますから、それぞれが前後裁断した時間のベルトを回し独自の法位にあると言えるでしょう。卵は卵の法位に住し、青虫は青虫の法位に住し、蛹は蛹の法位に住し、そしてモンシロチョウになって飛び回る時には蝶の法位に住しているわけです。同じ蝶でも飛んでいる時と羽を休めている時とでは、エネルギー消費量がものすごく違いますから、ここでも違った法位に住していると思います。起きている時と寝ている時とでは、時間も世界も違うと言ってよいのでしょうね、夢で胡蝶になった荘子のように。

青虫は青虫の時間のベルトを回し、青虫という状態（法位）を経歴します。蝶は蝶の時間のベルトを回し、蝶という時間を経歴します。梅が咲き、ウグイスが鳴き、桜が咲き、躑躅《つつじ》が咲きと、春は春を経歴します。「経歴は、たとへば春のごとし。春に許多般の様子あり、これを経歴といふ」。春というベルトが回ってさまざまな様子をあらわしていきます。

春なら春、青虫なら青虫という一つのベルトが回るという時間の経歴だけではなく、青虫のベルトから蛹のベルトに跳び移るのも時間の経歴でしょう。現在のベルトから、次の現在のベルトに移ります。現在である今日から、次の現在である今日に経歴するわけです。

生物の場合は現在しかありませんが、人間の場合は過去を思い出し、未来に望みをかけます。昨日を思い出す時は、今日から昨日に経歴するでしょうし、明日を思う時には今日から明日に経歴します。違った将来のことを続けて思えば明日から明日に経歴することになるでしょう。「有時に経歴の功徳あり。いはゆる、今日より明日へ経歴す、今日より昨日に経歴す、昨日より今日ゑ経歴す、今日より今日に経歴す、明日より明日に経歴す」となります。

生物の時間は、或る長さのベルトが回っている現在しかありません。そのベルトが回りきると、次のベルトを回し始め、それが次の現在となります。生物はこのような現在にしか、かかずり合わないのですが、人間の場合、過去や未来が大きな意味をもちます。物理的な見方で過去を思い出すとすれば、過去は一本の長いベルトであり、たぐればどんどん昔に遡ります。一方、生物学的に考えれば、過去とは短い独立のベルトコンベアが、ずらっと並んでいるものです。ぶつぶつ途切れて、でも隙間なく並んでいます。そして、現在という時間も一つではなく、違う生きものは違うベルトを回しているのですから、それぞれの現在があるわけで、過去とは一本のベルトをずっとたぐっていける一次元の線のようなものではなく、現在のたくさんあるベルトコンベアをy軸に並べ、それぞれの過去のベルトコンベアをx軸に並べると、xy平面を埋め尽くしているのが全世界（尽界）ということになります。だから時間は線ではなく面として捉えられます。

そして、そのように捉えるのは、まさに現在生きている私です。過去のおのおののベルトは、今私が思い出してこそ意味があるわけで、そういう考え方をすれば、過去のベルトは、自分自身の直接の過去でなくても、すべて私の過去と呼べるでしょうし、現在の私をすべてにおし広げて考えるわけですから、すべてが私だと言えなくもありません。記憶としては、すべて私の記憶であり、私が思い出すものです。だからxy平面に並んでいるのは、すべてが私（われ）ということになります。われが平面を埋め尽くしている。それは存在でもあり時間でもあるものです。「われを排列しおきて尽界とせり、この尽界の頭頭物物を時時なりと覰《ちょ》見すべし」（私を並べて全世界とし、この全世界にある人々や物々をそれぞれの時間だとみなすべきである）と道元は言います。

ここですべてが私だと考えるのは、ものすごく強引だと感じられるでしょうが、この場合のわれは、悟ってしまったあとのわれであり、「私」と「私に見られるもの」という二元論的な対立がなくなってしまった後のわれのことです。だから「われを排列して、われこれをみるなり」となります。われとは個人的実体ではなく、ものそのもの（時間そのものと言ってもいい）、そういうわれだと、いくつかの本に解説がありました。

時間がこういうものであれば、過去は流れ去ってなくなったわけではありません。高い山の上から眺めて目をやったところが即座に見えるように、過去も思い出せば、それが即座に出てきます。過去の時も飛び去って消えてしまったのではなく存在し続け、思い出したものは即、現在（而今）の私の時となります。「山のなかに直入して、千峯万峯をみわたす時節なり、すぎぬるにあらず。三頭八臂もすなはちわが有時にて一経す、彼方にあるににたれども而今なり」とはこういうことでしょう。

私は最近MDプレーヤーというものを買いました。道元の時間はMDだなと思いましたね。テープレコーダーでは、順にたどって曲の頭出しをしなければいけないのですが、MDならトラック五番、と押せばすぐに曲が出てきます。一曲の中では確かに先あり後ありで、普通の時間通りに音が並んでいるのですが、全体としては曲が、列に並んでいるわけではなく、思った曲にポンと跳んで自由にアクセスできます。記憶の時間などは、まさにこういうものなのでしょう。

思い出すという行為一つとってみても、生物が関われば、時間が長〜いテープのようなものではないことが、実感として分かります。にもかかわらず、時間とはそのようなものだという強い思いこみを私たちはもっています。この「過去から未来に向かって飴の様に延びた時間といふ蒼ざめた思想」を、「現代に於ける最大の妄想」と小林秀雄は評していますが（『無常といふ事』）、こういう妄想にとらわれていては、生き生きとした時間を送れないのだと、はるか昔に道元さんが喝破されているのですね。

前後裁断した時間

時間は万物共通のベルトコンベアではない。それぞれに独自の時間があるのだと道元は考えます。その考えは、物の変化にも当てはまります。過去・現在・未来が一つながりのベルトのように流れていき、そのベルトの上で物が変化していくのではないと道元は言うのです。

『正法眼蔵』（現成公按《げんじょうこうあん》）に非常に印象的な言葉があります。「たき木、はひとなる、さらにかへりてたき木となるべきにあらず。しかあるを、灰はのち、薪はさきと見取すべからず。しるべし、薪は薪の法位に住して、さきありのちあり。前後ありといへども、前後際断せり。灰は灰の法位にありて、のちありさきあり。」

薪は燃えて灰になります。灰は薪にはなりません。順序はそうなのですが、灰のときに流れている時間と薪のときに流れている時間は同じものではありません。仏教では過去を前際、未来を後際、今を中際と呼びます。薪の時間の中では普通に時間が流れて時間にさきものちもありますが、前際（茂った木であった過去）も後際（灰である未来）も違った時間が流れるのですから、薪の時間の前（際）も後（際）も、スパッと断ち切れていることになります（前後際断）。

それと同じように、生から連続して死に移ると考えてはいけないと道元は言います。「生より死にうつると心うるは、これあやまりなり。生はひとときのくらゐにて、すでにさきあり、のちあり。」（『正法眼蔵』生死）。

物理学的な時間では、物はベルトの上にのって流されながら、だんだん変化していきます。薪はベルトの上で灰になっていくのですが、道元の見方では、薪のベルトから灰のベルトに、ポンと移るのですね。移るのだけれど、決してその間にすき間があるわけではない。時はきっちりと隣り合って並んでいるけれど、一本のベルトのようにそのまま連続してずっと流れているものではない、というのが道元の時間の見方です。

物理学的な時間においては、私たちはベルトの上で連続的に崩壊していきます。薪はそのまま灰となる。人はじょじょに老いていき、そして死にます。灰は薪のなれの果て、年寄りは若者のなれの果てで、そのまたなれの果てが死だ、ということになってしまいます。

物理学的な時間においては、私たちは時間に対して何もできません。共通のベルトコンベアに載せられてただ流されていくだけです。時間の奴隷です。唯一自由度があるとすれば、ベルトの上にどれだけ長くのっていられるかだけでしょう。だからこそ、何がなんでも長いほうがいいという終末医療をやるのです。

ベルトコンベア的なものと時間を見なしてしまえば、時間の奴隷になるしかありませんし、老人は若者のなれの果てでしかないでしょう。道元のように前後裁断、時間を区切ってしまい、老人の時間は老人の時間で質の違うものだ、だから若いときとは違う時間を生きてやるぞ！　と決意すれば、みずから積極的に時間に関わることができ、元気が出る気がするのです。老人が元気になれる時間観、世界観が今こそ必要なんですね。道元は大いに参考になります。

ゆっくりの老後を楽しむ

老人の時間と若者の時間は違うものだと思いきってしまう考えは、なかなかいいと私は思うのですが、こういう言い方は禁句なんですね。差別である、年寄りはゆっくりでエネルギーを使わないからスカンスカンの時間だとは何事だと、お叱りを受けてしまいます。なんでも平等でなければ、同質でなければ、今の世では許していただけないのです。

アメリカでは、みんな同じ時間が流れてるんだ、みんな平等だ、年寄りになっても若者となんら違いないと考えなければなりません。老人でも宇宙にだって行けるのだぞ！　と大々的なショーをやっていましたね。それがアメリカの（そしてキリスト教的な）時間です。私もあそこにしばらくおりましたが、アメリカではお年寄りは本当に無理をしています。日本では年寄りは甘えられるんです。これはいいですね。年を取れば時間が違うのは、客観的な事実だと私は思うのですが、それを西洋では認めないんです。認めてしまうと年寄りはただ、若者のなれの果てということになってしまうからでしょう。

老人の時間は質の違うものです。ゆっくりなんです。だからといって劣っているのではありません。以前、乗っていた新幹線が故障して、ごくゆっくりしか動かない時があったのですが、見慣れていたはずの景色が、まったく違って見えるのですね。物理的に同じ物を見ても、速さが違うとまったく違って見えてしまうのです。歩きながら見たら、東海道はまた違う姿を現してくれるでしょう。歩かなければ道のべのスミレには目はいきません。

今の世の中、何でも速いほうがいいという感じになっているけれど、それは間違いだと思います。若い時分にはこれほどせわしない時を送らなければならないからこそ、定年になり老いてからゆったりとした時間をもてるのは、素晴らしいことではないでしょうか。一生の間に二つの時間・二つの世界を楽しめる、こんないいことはないと考えたいのです。

老いた動物は自然界にはいないのです。科学・技術によって私たち人類のみが生み出したのが老いの時間。人間にしかないものですから、それを人間らしく使いたいものです。若いときは美味い物を食べ、魅力的なパートナーをみつけ、快適な家に住み、子供たちによい教育をあたえる。そのためには他人をおしのけもします。あくせく働いて金を得ようと努力します。これはみな、自分の遺伝子をできるだけたくさん残すための努力です。結局、動物と同じ価値観で生きているのが若いときの時間でしょう。貪欲は仏教の三毒の筆頭ですが、若いときは、どうしてもむさぼって利己的に生きるものです。利己的な遺伝子がそうさせるのだと生物学は言っています。

老いの時間とは、そのような遺伝子の束縛から解放された時間です。だからこの時間こそ、たんなる動物ではない、人間として誇れる時間を生きたいものです。若者には動物として子づくりに励んでもらい、動物をこえた高貴な生は老人が引き受ける。そうなると、老人の存在価値が出てくるでしょう。たとえ少々体にガタが来ていても、このような高貴な時間をもてれば、とても幸せなことです。

生物の時間には現在しかありません。また、生きている場所は、今いるここです。

自分の住んでいる環境に一番適応しているのが生物です。生物はご当地主義が原則なのです。つまり「今ここ」で懸命に生きているのが生物。そしてそれは道元の立場でもあります。

私たちがふつうに思っている過去や未来は人間の脳が生み出した観念であり、たしかにこれはこれで偉大なものではあるのですが、現代人は未来にとらわれすぎて、「今ここ」をおろそかにしているのではないかと私は危惧しています。明日のことを思い煩いすぎる気がします。とくに老いたならば、明日はどうなるかわからないのですから、自分には今日しかないと覚悟して日々生きた方が、ずっと憂慮もなく、充実した毎日を送れると思います。『正法眼蔵随聞記』（第一）にも「明日を期することなく、当日当時ばかりを思ふて、後日は太《はなは》だ不定なり。知り難ければ、只今日ばかり存命のほど仏道に随はんと思ふべきなり」とあります。

ハイテクライフと時間のむさぼり

動物でみつかったエネルギーを使うほど時間が速くなるという関係は、人間の社会生活にも当てはまりそうです。車や飛行機を使えば早く行けますね。もちろんこれらは、作るにせよ動かすにせよ、莫大なエネルギーを使います。エネルギーを使うと時間が早くなるのです。ハイテク社会は、機械を駆使した便利な社会ですが、便利とは早くできることでしょう。時間を早くするのがハイテク社会。そしてハイテク社会はエネルギー依存形の社会です。

現代人はエネルギーを使って時間を作り出しているのだと私はみなしています。時間の作り出し方には二種類あります。一つは便利な機械を動かしてものごとを早く済ませ、余暇を得る（もしくは、より多く働いて生産性を上げ、儲けられるようにする）。もう一つの時間の作り方は、衣食住と医療にエネルギーを注ぎ込むことにより、寿命をのばすことです。

この二つのやり方で、私たちは昔の人の思いもよらなかったような長寿や余暇や高い生産性を手に入れることができました。それでも技術者は、もっと便利な物を作ろう、より長生きできるようにしようと頑張っています。私たちがそれを望んでいるから、技術者は頑張るわけですね。欲望に奉仕するのが技術というものです。欲望を満たし、さらなる欲望をかき立てるのが技術。

欲望にはきりがありません。貪欲は仏教では、強く戒められているものですが、貪欲を煽り立てているのが技術です。ほめられたものではありません。今や技術者という職業は、人の欲望につけこんで儲ける賤業に成り下がってしまったような気がします。

Eメールやインターネットのおかげで、世界と瞬時につながって便利は便利なのですが、ネット取引ができるばっかりに、こちらが寝ている間に、海の向こうのマーケットは開いていて、おちおち寝てもいられない、なんて事態になってしまいます。便利にはなったけれど、心の安まる時間を失ってしまいました。時間をむさぼった罰があたっているのですね。

昔だったら八十歳まで生きたら、こんなに長生きさせていただいてと感謝できたのです。ところが今や、八十でも周りにまだたくさん長寿の人がいるわけですから、ここで死んだら損、もっと長生きしなくっちゃと、むさぼりの心が先に立ち、素直に感謝というわけにはいかないでしょう。八十になればお迎えはいつくるかわからないのですから、毎日おびえながら暮らすことになりかねず、ここでも心の安まる時間は失われています。これも時間をむさぼった罰でしょう。

より速く、より長生きにと、現代人は時間をむさぼっています。しかし速ければ速いほどよい、ということにはならないと思うのですね。体がついていける速さというものがあるはずです。現代人といえども、けっして心拍が速くなっているわけではありません。体の時間は大昔のままです。だから、むやみに便利に速くしたら、体が拒絶反応を示さないともかぎらないでしょう。体の時間と相性の良い、ほどほどの速さがどこなのかを、技術は考えなければいけないのです。そうしなければ安心できる時間はもてないと思います。日本人はいま、日々抜き難い疲労感をもっているように見えるのですが、これはあまりに速くなりすぎた社会の時間に、体がついていけないことからくるストレスが原因だと私は思っています。

長生きの方だって、ただ長ければいいというわけのものではないでしょう。時間に質の違いがないのなら、長いのも悪くはないでしょうが、のびた部分は体がガタガタになっていく部分ですから、いわば、どんどん質の悪い部分ばっかりのびていくのです。エネルギーを使わず、何もしなければ生命の時間は流れないのですから、寿命（物理的時間）だけのびて、生物として意味のある時間はのびないという事態にならないよう配慮しなければなりません。

老いてからこそ尽力経歴

現代社会は、なるべく体を動かさず、頭や口先や機械を使って物事をおこなう方が幸せなのだ、偉いのだという風潮がありますね。日本の都市生活など、機械に埋まって身動きしないで暮らしているようなものでしょう。これでは尽力経歴になりません。機械を使って手に入れた時間が、はたしてどれほど意味のある時間なのか、疑問をもってもよいのではないでしょうか。機器を使った便利な時間は、上っ面だけ流れていくもののような気がしてしょうがありません。ひたいに汗して働いてこそ、意味のある時間が生まれるように私には思えるのですが。

私たちの体の半分は筋肉です。動くようにできているのが私たちの体なのです。だから体を動かさない生活をすれば、体の半分は不満に思うでしょう。これでは人間、幸せとは感じられません。こういうところからも、科学・技術が拓く明るい未来、ピカピカのハイテクライフというものが、どうにもうさんくさく私には思われるのです。

とくに老いてからは、自分の体を動かし、自分で考え、ということを、意識してやるように心がけたいと私は思うのですね。そうしないと、悪くすれば機械に生かされているだけの生になりかねません。

時間の主人になる

今、社会に非常な閉塞感があるのは、絶対に変わらない時間のベルトコンベアに載せられた奴隷状態だからだと私は思うのです。チャップリンの『モダンタイムス』で風刺されていますが、二十世紀というのは、まさにそうだったんです。大量生産のラインにみんなが縛り付けられている。これは工場というだけではなく、人生そのものが工場のラインみたいに時間のベルトコンベアに縛り付けられてしまったんですね。

ビジネスというのは忙しいことなんです。自分の時間を売り渡して時間の奴隷になるのがビジネスマン。そういう時間の奴隷である状態から、どうやって自分の時間を取り戻せるかを考えなければいけません。

一日、何に注意したらよいでしょう？　という弟子の問いに、趙州《じょうしゅう》はこう答えています。

「汝は十二時に使はる。老僧は十二時を使得《すて》するなり」（おまえは一日という時間に使

われている。わしは時間を使っている。）（『聯燈《れんとう》会要《えよう》』二十二趙州章）

現代人はエネルギーを使って時間を操作しています。便利な機械を使うとは、そういうことです。だから時間をある程度自由に変えられるのですね。ということは、もはや時間の奴隷ではなく、時間の主人になれるということです。そういう力を、人類は科学・技術によって手に入れたのです。ところが、その同じ科学・技術が、時間はどうやっても絶対に変わらないものだと、私たちに信じ込ませています。これが現代の矛盾です。

時間のベルトコンベアから自由になる手始めに、老いの時間を活用しましょう。若い人たちは、今の社会のベルトコンベアに縛り付けられていますから、抜け出すのは容易ではないでしょう。老いの良いところは、動物としての人生や会社勤めを卒業してしまった時間ですから、さばさばと、まったく質の違う、別の時間のベルトに乗り換えやすいのです。そうやって、新たに自分なりの時間を取り戻せると思うのです。

尽力経歴ですから、なるたけ体を動かして、若者の世話にはならないよう心がける。そうして違う時間を生きる面白さを、老人が率先して実行し、若い人たちに時間の見方を教えてあげられるようになればいいのですね。

私は団塊の世代です。この世代が皆老人になって若者の足をぐいぐいひっぱるというのが、高齢化社会の悪夢です。そうならないためにも、私たちの世代が率先して、今までとは違った時間の見方、違った価値観をもつようにしないといけないと私は思っています。老人の時間はエネルギーをあまり使わないからスカンスカンしているのだ、などという、本日お集まりの皆様の前では言うもはばかられる事実を申し上げたことの本意は、老いの時間は前後裁断しており、若者のなれの果てでもなく、棺桶に直結しているものでもない、違うものだということを強調したかったからです。

私は、坐禅はいいなあと思います。今の世の中では、何にもしないでいるとうしろめたい気がするんです。いつも明日のことを気にしながら駆けていないと落ち着きません。何にもしなくていいから坐っていていいよ、なんて言ってくれるのは禅ぐらいでしょう。もちろん坐っていることがボケーッとしていることではなく、機械の力や壮大な思想で着ぶくれしてしまった自分を捨てて、無になるよう、気合いを入れて坐らねばならないのですが。小生、坐禅の初心者ですので、これ以上余計なことは申しません。ただし時間と関連させてもうひとこと言えば、坐っていると、ベルトコンベアの上にのって流されている時間の流れを断ち切れると思うのですね。断ち切れば、時間の主役になれるのではないかという気がしています。

身心脱落

ここ一年、『正法眼蔵』を、いろいろな解説本をたよりに読んだのですが、西谷啓治さんの書かれたものに、「身心脱落」の面白い解説がありました。道元さんが悟られた時には身心脱落されたのですが、悟るとき、心と体がストンと落っこちてしまうと言われても、どんなことなのかさっぱり想像もできかねていました。そこを西谷さんは、身心脱落とは自分のディメンション（次元）が落っこちてしまうことだとおっしゃるのです。

そうか！　私たちは私たちの時間・空間という次元で、すべてのものを見ているんですね。他の生きものは、違う次元の時空の中で生きているかも知れないのですが、自分の次元にいつもとらわれていますから、世界が全部その次元でできているとしか見えない。パッと自分の次元が落っこちてしまった時に、違った生きものの、それぞれの次元が浮かび上がってくる。そういう話なのかしらという気がしました。

そうだとすると、よく分かるのです。私自身、時間は動物によって変わるものだと考えた時に、世界の見え方が一変してしまいました。自分が変わると、まわりのすべてのものも変わるのです。こういう経験を、道元さんの身心脱落と同じだ、などと言ったらおこがましいのですが、悟るということがどんなことか、ちょっと雰囲気が分かった気がしたのです。

私はそれまで、悟るというのは、自分だけストンと悟りすましてしまうのかと思っていたのですが、そうじゃない。自分の次元が無くなってしまうということは、世界全体が悟ってしまうんですね。自分だけの問題じゃなくて、全世界がストンと次元が落っこちてしまう。今日は永平寺の老師がたくさんお見えですので、この辺、あとで正しいかどうか教えてください。いずれにしましても、自分の見方が変わるだけで全世界が変わってしまうのを、私はナマコを見ながら経験しました。

老いというものだって、見方を変えれば明るく見えてきます。時間の見方が変わると世界が変わります。生き方が変わります。時間の捉え方の重要さを認識していただければと思います。

生命の時間

私はシンガー・ソングライター・バイオロジストでありまして、今日のために一曲、新曲を作って持って参りました。なにしろ、永平寺さんのために講演するというのは大それたことですから、何か芸でもしないことには様にならないんじゃないかと思いましたので。本日の話のまとめの歌です。最後のところに道元さんの「有時」の話が出てきます。最初のところは、ずっと生きものの時間を歌っています。

道元さんは芸術は仏道修行のさまたげになるとおっしゃっていますから、ちょっとうしろめたいのですが、梅花講もあることですからご容赦下さい。

それにですね、年をとったら、できるだけ体を動かし、大きな声をだすのが体のためにも精神のためにもいいと思いますよ。大きな声でお経をあげる、歌って踊る。

「風は清し月はさやけしいざともに踊りあかさむ老の名ごりに」（良寛）

さあ歌いましょう。世界初演でございます。

生命《いのち》の時間

時は無限の　ベルトコンベア
上に載せられて　ただ流される
ゾウもネズミも　月も星も私も
時間はおんなじ　絶対時間
これでは私は　時間の奴隷
自主も自由も　ありはしない

ドーッキンとゆっくり　ゾウの心臓
ネズミはせわしく　ドキドキドキドキ　ドキドキと　一分間六百回
小さい生きものは　生きてくペースが早い
大きな生きもの　ゆっくり生きる
生きものはそれぞれ　時間が違う
自分の時間で　生きている

心臓がドキンと　一拍するあいだに
ゾウもネズミも　二ジュール使う
心臓ドキドキドキドキドキドキドキドキと　すばやくすばやくうてば
エネルギーをどんどんと　はげしく使う
生きものの時間は　早さが違う
エネルギー使えば使うほど　早くなる

生命《いのち》の時間は　積極的なもの
エネルギーとは　仕事の量
仕事をすればするほど　時間はどんどん進んでく
仕事をしないと　時は止まる
生命の時間は　私が主役
私が働いて　時つくる

時は飛去《ひこ》するのみにはあらず
尽力経歴《じんりききょうりゃく》　ちから尽くして
自分の時間を　それぞれ自分でつくる
だからそれぞれ　有はみな時
松も時なり　竹も時なり
ゾウもネズミも　それぞれの時

生命の時間

本川達雄

ときはむげんの ベルトコンベ
ドーッキンとゆっくり ゾウのしんぞ
しんぞうがドキンと いっぱくするあ
いのちのじかんは せっきょくてきなも
ア うえにのせられて ただ
う ネズミはせわしく ドキ
いだに ゾウもネズミも にー
の エネルギーとは し
ながされる
ドキドキドキドキドキ といっぷんかんろっぴゃくかい
ジュールつかう
ごとのりょう
ゾウもネズミも
ちいさいいきものは
しんぞう ドキドキド キドキ ドキド キ ドキドキドキ
しごとをすればするほど
つきもほしもわたしも じかんは
いきてくペースがはーやい おおきな
すばやくすばやく うーてば エネルギーを
じかんはどんどんすすんでく しごとを
おんなじぜったいじかん これでは
いきものゆっくりいきる いきものは
どんどんとはげしくつかう いきものの
しないとときはとまる いのちの
わたしはじかんのどれい じしゅもじゆう
それぞれじかんがちがう じぶんのじかん
じかんははやさがちがう エネルギーつかえばつか
じかんはわたしがしゅやく わたしがはたら
もありはしない
でいきている
うほどはやくなる
いてときつくる

初出一覧

美人量保存の法則〈室内1997年6月号〉
子供時代に考えていたこと〈保育専科1996年1月号〉
豊かさの転換〈朝日新聞1996年7月18日〉
理科を学ぶ意義〈キャリアガイダンス1994年10月号〉
一億総理工系時代〈大学時報1994年1月号〉
理科離れ——もう一つの視点〈教育時報2001年3月号〉
作ること・作っている現場を見せることの大切さ〈つち1999年3月号〉
理科の言葉〈かけはし2003年5月号〉
日本の科学は寿司科学〈本1993年6月号〉
道元の時間〈禅といま2001年〉

あとがき

　私も本年三月末日をもって大学を定年となり、「おまけの人生」に入った。毎日が日曜日で閑になるかと思いきや、結構あちこち出歩いている。行き先は小学校。私の書いた「生き物は円柱形」という文章が国語の教科書に載っているものだから、出前授業に押しかけているのである。大道芸人よろしく、黄色い円柱形のロング風船を使ってキリンを作って、「ほら、胴体も脚も首も頭も角も尻尾も、みな円柱形だろう」と、見せて納得させ、もう一本、茶色のロング風船をふくらませて、「何に見える？」「ミミズ！」「そう、こんなふうに円柱形そのものの動物もいるね。そして自分の体を見てごらん。指も、腕も、胴体も足も、そして、気を付け！　をすれば体全体も円柱形。窓の外の木はどうだろう。幹も枝も根も円柱形だ。生き物は円柱形だらけだね」と誘導する。それから「生き物は円柱形」という自作の歌をうたう。「♪木の枝は円柱形」と私が歌い、子供たちに「円柱形！」と大声で合いの手を入れさせる。その際、腕を突き上げるアクションをさせながら「円柱形！」と叫ばせる。これをやると大いに盛り上がりますな。四番まである歌で十六回「円柱形！」をやると、もう忘れようにも円柱形が忘れられなくなるから教育効果絶大。歌の中では「円柱形は強い」とうたうのだが、なぜ円柱形が強いのかと、歌詞を説明しながら少々学問へと入っていき、生物の形には意味のあることを納得させて終える。

この授業、きわめて好評で、あっちこっちとお座敷がかかる。先月は沖縄で離島巡りもやってきた。

私は「おまけの人生」は生物学的には意味のない部分であり、それを意味のあるものにするには、次世代を育てることに充てるのが良いと考えている。だから小学校に出向いているわけだ。小学生はいい。こっちがちょっとでも気を抜くと、たちまち勝手なことをやり始め、全力で当たらなければ授業にならない。尽力経歴を、身をもって感じさせられるところがまことにいい。

これはまったくのボランティア活動で、小学校側の金銭的負担はゼロ。出前授業の希望がありましたら、是非ご連絡下さい。

本書の冒頭に掲げた「美人量保存の法則」は、今は亡き山本夏彦氏の雑誌に掲載されたもの。それを氏が、当時コラムをもっておられた週刊誌においても紹介して下さった。エッセイの名手にお墨付きをいただいたようなもので、内心鼻高々である。

本書の後半部分は、道元没後七百五十年の記念講演をもとにしたものである。曹洞宗教務部長（当時）の桜井孝順老師のお声掛かりだったのだが、老師には、その後、天竜にあるご自身のお寺にも講演にお招きいただいた。ということは、講演内容が、それほど間違ってはいないと、これまたお墨付きをいただいたのだろうと、ほっとしている。その時ごちそうになった料理の味は忘れられない。老師は精進料理の本も出されている、その道の達人でもあらせられたのだ。老師には得難い数々の機会を与えて下さったことに感謝したい。

本書は阪急コミュニケーションズから出版され、今回、文芸社文庫に入れていただくことになった。編集担当の黒崎裕子（阪急コミュニケーションズ）、佐々木春樹（文芸社）両氏に感謝する。

平成二十六年七月

本川達雄

本書は、二〇〇五年六月、阪急コミュニケーションズ
から発売された単行本に、加筆・修正したものです。

文芸社文庫

おまけの人生

二〇一四年十月十五日　初版第一刷発行

著　者　本川達雄
発行者　瓜谷綱延
発行所　株式会社　文芸社
〒一六〇－〇〇二二
東京都新宿区新宿一－一〇－一
電話　〇三－五三六九－三〇六〇（編集）
〇三－五三六九－二二九九（販売）
印刷所　図書印刷株式会社
装幀者　三村淳

ISBN978-4-286-15831-0